用香草
守護毛小孩

蘇菁菁的寵物無毒生活指南

Nurture our Furkids
with Herbs

　　近年來，不難留意到越來越多家長理解並接受鮮食對毛小孩的好處，知道乾飼料並不是毛孩唯一的選擇，實在值得鼓舞！但不論在我們或毛孩的生活裡，「衣、食、住、行」本來就分不開，如果只在飲食中使用天然食材，但日常生活和家居環境裡卻被化學物質重重包圍，那麼，之前在食物上下的苦工，是否有點徒然呢？

　　生活上的每項小細節雖然無法做到百分百天然，但至少可以盡量做到避免使用有害的化學物質，特別是對體型比我們人類小的毛孩而言，化學物質在牠們身上的禍害比在我們身上放大許多倍，這也是為什麼現代有家的毛孩就算備受萬般寵愛，但患上癌症和肝病的案例卻有增無減。

　　相信大家對香草都不陌生，市場上也早有各式各樣的草本寵物產品以供選購。香草的確是大自然賦予所有生物的寶物，無論對我們人類或動物們都具有滋養、療癒，甚至讓人愉快的功效；只要正確的利用，這些植物也能守護毛孩（和我們）的日常生活，在衣、食、住、行中充分發揮，讓毛孩們能盡量遠離生活中的各種化學毒物。

　　書裡和大家分享的，都是最基本和安全的日常使用方法，絕不可作為醫療用途。希望大家閱後也可以和我一樣，將香草愉快的融入與毛孩生活的美好日常，享受更多天然無毒的健康時光。

※ 溫馨提示：書裡提供的只是個人的實作分享，絕不能代替獸醫師的診斷或治療。

說聲謝謝……

這部作品的完成，經過逾 3 年的製作時間，期間陪我經歷過人生最低谷，曾經意興闌珊，曾經想過放棄所有，要不是以下每位，這部作品很可能永遠沒機會和大家相遇。

所以，我還是要再衷心向您們說聲：「謝謝！」（我愛您們！）

斯韻：不知道有沒有其他作者和我一樣，在被編輯催稿時會被感動到淚崩呢？感謝您永無上限的耐心，等了又等，都對我毫無怨言，還願意和我繼續並肩而行，繼續相信我，讓我以自己的步調慢慢的把書完成。被您催稿竟有種莫名的幸福感呢！（笑）謝謝您，斯韻！

讀者們：你們總是給我無限支持、鼓勵和最大的耐心。知道你們對我的期待，但出書日子老是拖了又拖，等到你們的毛孩也開始步入老年了，心裡滿是愧疚。若你們不嫌棄，但願日後我們還能繼續分享，繼續一起成長，謝謝你們！

爸媽和毛孩們：過去一年，您們所承受的壓力和心痛絕對不比我少，我怎會不知道呢？為了讓自己盡快擺脫悲痛，讓自己重新站起來，曾經有段日子我把自己埋藏在工作中，忽略了您們，除了感謝您們的體諒和照顧，還要對您們說聲：「對不起！」

天父爸爸：感謝祢耐心的教導我，讓我跌倒，然後讓我學到我應該學到的（雖然我有點笨，學習速度超慢的）。抱歉人生前半段沒有好好利用祢給我的一切，希望下半場能學聰明點，好好發光發亮，擁抱祢給我的所有，好好去愛。

contents

01 香草——大自然賦予的寶藏。
Herbs, treasure from our Nature.

02 22 種常用又好用的香草。
22 useful & everyday herbs.

03 幸福又養生的香草料理。
Blissful & Healthful cooking with herbs.

04 溫和但有效的天然貓狗護理品 D.I.Y.。
Gentle & effective homemade pet care products.

05　用香草清潔居家，無毒又芬芳。
Toxin-free home-cleaning with herbs.

01

香草——大自然賦予的寶藏。

Herbs, treasure from our Nature.

早就和動物與人類
密不可分的香草

▌什麼是「Herb」？

一提到香草，即英文「Herb」一詞，大家不期然就會想到 Jamie Oliver 在烹調美食時瀟灑自如的灑上大量新鮮或乾燥的香草，又或是用在保養品或家居環境的香薰精油，總之都是與優雅知性的生活畫上等號。

中文被翻譯成香草、香藥草、香草植物等，但其實「Herb」這個英文詞語來自拉丁語「Herba」，意思出乎意料的簡單──就是綠色的草。不過後來也有人解釋 Herb 為帶有香氣的植物。個人認為這還不足以形容與我們生活息息相關的 Herbs，因為它們不只包括帶有香氣的植物（如常用於料理或提煉精油的香草），還囊括具有醫療效用的西方藥草和漢方藥草等。

美國香草協會（The Herb Society of America）對香草有較全面的詮釋：「任何植物，其部分或全部，可以用於料理、醫療保健、工藝、香薰、滅蟲、染料等，凡對人類生活有幫助的，就稱之為 Herb。」

其實，我覺得香草就像任職藥師的媽媽，巧妙的將大自然的陽光、空氣、水和泥土裡的養分釀造成複雜的植物天然化學成分（phytochemicals），不但能被製成藥物或為食物提味，若我們懂得加以利用，還能溫和的把生活中每個細節都照顧好，為家裡增添滿滿的幸福感。

※ 本書會將所有 Herbs 簡稱為「香草」。

香草與人類文明

　　若大自然沒有賜予人類香草，人類文明的發展肯定沒這麼發達，甚至連能否生存至今都將成疑問。回看歷史，香草與早期人類文明的確密不可分，考古學家曾在 6 萬多年前的人類墓穴中找到香草的蹤跡，早期人類不但利用香草植物作為食物，也是治病的唯一選擇。原始人過著狩獵、採果的生活，會摘採野生香草，也會從野生動物或長輩身上學到某些植物的藥理或毒理知識，但礙於當時還沒有任何科研制度，也沒有文字，每次只能從某人親身體驗過的錯誤或成功中學習，所以才會有中國神農氏「日嚐百草，一日而遇七十毒」的故事流傳下來。

　　歷史悠久，流傳超過 5000 年以上的傳統中醫學以中草藥為主，人類史上最古早的醫療體系，即印度的阿育吠陀（Ayurvedic Medicine），7000 多年來也都重用香草進行治療；另一方面，早在 4000 多年前，古埃及人也已懂得巧妙利用香草殺菌防腐等功效製作木乃伊；而在古希臘，有「醫學之父」之稱的希波克拉底（Hippocrates）也熟用香草，甚至在古雅典瘟疫蔓延時曾鼓勵人民在街上焚燒香草，希望藉由揮發於空氣中的精油成分殺菌。

　　總括來說，在 17 世紀之前，香藥草就是絕大多數人類的治病方案。後來，隨著化學藥品風行和西方醫學對現代化與科學化的追求，民間隨手可得又省錢的香草療法逐漸被大眾否定，不但被視為落伍，甚至被神化，和宗教儀式或巫術扯上關係。直到近 20 年來，越來越多人開始對現代化學藥物的效果、副作用、抗藥性感到失望或疑惑，再加上大家都想將保健重任掌握在自己手中，不再過分依賴化學藥物，因此對香草的運用重拾熱忱。據世界衛生組織估計，全世界約有 80% 的民眾正在使用香草作日常保健。

香草與獸醫學

獸醫學從一開始就跟隨著人類醫學共同發展。換句話說，香草除了是古代人類用來醫治自己的方法，也是他們用於所馴養動物的主要藥品。史上最古早的草藥典著《神農百草經》於 2000 多年前，已將 365 種藥草依其毒性分為上品、中品和下品，也說明它們在人類和動物身上的功效。而最早期的傳統中醫學並沒有區分獸醫學和人類醫學，直到周朝，獸醫學才被劃分出來。

在西方國家，首批獸醫學院在 17 世紀才正式成立。當時的獸醫學生必須自己種植藥草，並學習如何小心收割、乾製這些藥草成為課程中用到的藥材。直到 60 年代，無論在課本和獸醫學藥典中都有香草的蹤影，香草可算是獸醫學的基本。而後的事情大家都有目共睹，西方的化學藥物後來居上，取代了香草在獸醫學的位置。

近 20 年來，隨著越來越多人對化學藥物的有效性、安全性和副作用產生疑惑，許多人回歸天然，盡可能選擇來自大自然的草本植物（包括香草）作保健，這趨勢也延伸到獸醫學界，全世界首創草本獸醫學組織 The Veterinary Botanical Medicine Association 更於 2000 年成立。現代懂得處方草本藥物的獸醫師，會把自己對草藥的藥理知識和現代醫學的病理學結合起來應用，找出對個別毛孩病情最有利的治療方案。

動物是天生的草藥師？

我們都曾聽阿嬤阿公嘮叨過：「你們這一代哦，對貓狗實在太過寶貝了！我們家以前在鄉下也有養啊，不用怎麼理嘛，隨便給牠們些吃的就可以囉！反正牠們白天都在外面跑，有什麼不舒服自己會跑去山上採藥吃，隔天就沒事了。哪像你們現在養的貓狗，一點點小事而已，動不動就帶去看獸醫師……」聽起來好像很離譜，但其實老一輩說的並非毫無道理，畢竟獸醫服務在他們的年代並不普及。

話雖如此，難道動物真的懂得自己採藥治病嗎？雖然許多人類歷史學家猜測，史前人類之所以學會採用藥草治病，多是透過觀察野生動物的行為而仿效跟隨的，但其實一直到 70 年代，高傲自大的人類根本不相信動物擁有自我藥療（self-medicate）的能力或智慧。

1972 年，在坦桑尼亞的岡比國家公園（Gombe National Park）有專門研究靈長動物的動物學家，觀察到園裡有隻叫 Hugo 的黑猩猩，不時會去採一種學名為 Aspilia rudis 的小黃菊，但只取它的葉子。研究員覺得奇怪，因這種小黃菊並不屬於黑猩猩的正常食糧，更讓人費解的是，為什麼 Hugo 會選這種粗糙又長滿小刺的葉子來吃呢？不僅如此，他們還發現 Hugo 每次都會小心翼翼的將葉子對折好，放在嘴裡片刻，然後才整片吞下。Hugo 這種特殊的行為，不禁讓研究員認為某些動物也許有自我藥療的能力，且當地人民也相信這種小黃菊有抗菌和抗寄生蟲的功效，當他們肚子不舒服時也會服用；無奈當時的科學界認為動物根本不可能有這種智慧，因此完全拒絕接受這項可能性。

直到 1996 年，日本京都大學的知名動物學家 Michael Huffman 博士再次發表他的研究，指出在坦桑尼亞地區的黑猩猩，每當寄生蟲為患或便秘時，就會像 Hugo 一樣用 Aspilia 的葉子，利用葉子上密麻細小的刺，在牠們的腸道裡發揮像砂紙的功效，將附在腸壁的寄生蟲刮掉，大大減少留在體內的線蟲、條蟲等寄生蟲的數目。研究更發現，原來 Aspilia 葉子裡還含有一種叫「Thiarubrine-A」的活性化學物質，能有效殺死細菌和真菌，可治好黑猩猩的腹痛問題。

此外，在坦桑尼亞另一個國家公園（Mahala Nationial Park），Huffman 博士也在 1987 年發現，當地的黑猩猩拉肚子時，會去採一種叫 Vernonia amygdalina 的植物，小心剝掉它的外皮，只放那苦澀的木髓進口裡咀嚼。根據他的觀察和記錄，這些猩猩每次在嚼咬這種木髓後的 24 小時內都會完全康復；而當地的居民也常用這種木髓治療各種腸胃不適、寄生蟲、瘧疾，甚至糖尿病。這項發現後來引導科學家從這種木髓中分離出 13 種全新的生物活性化合物（biologically active compounds），當中更有些能對抗瘧疾和抑制腫瘤生長，對人類醫學界來說是非常重要的發現！

這 30 年來，動物學家不但在與人類最相似的靈長動物身上觀察到自我藥療的行為，其後還發現在野生動物界中，小至昆蟲、飛鳥，大至大象，都懂得善用草本植物幫助自癒，只是人類一直不知曉而已。最普遍的是利用香草預防或消滅寄生蟲，紓緩腸胃不適；還有些懷孕的動物會食用特定的香草讓生產過程更順利，甚至催乳；有些動物和雀鳥則懂得利用氣味濃烈的植物，把它們的汁液塗在身上或巢穴來驅蟲。世界各地的人類傳統民間草藥療法，終於被證實是古時人類從野生動物身上學會或得到啟發的；動物學家 Michael Huffman 也認為，人類能從動物身上學到植物的藥療應用，研發新藥。

科學界終於在 1987 年，給了動物自我藥療這種行為一個專用名詞：「Zoopharmacognosy」——「Zoo」代表動物，「pharma」是指藥物，而「gnosy」是指認知。「Zoopharmacognosy」即動物對藥物的認知。

動物要懂得自我藥療，先要懂得選對植物，還得知道要用植物哪個部位，以及服用或外用的方法。究竟牠們是怎麼學會的？是靠天性、觀察其他動物或是仰賴先前經驗而懂的呢？其實都有，關鍵點就在越懂得自我藥療的動物越健康，牠們往往就有較多交配權，良好的基因便可傳承下去——這就是大自然「適者生存」（Survival of the fittest）的道理。果然，在大自然的世界裡，動物們才是人類的老師。

▋貓狗是否懂得自我藥療？

那麼，我們家裡的貓狗小孩也是動物，牠們是否也懂得自我藥療？

關於這個問題，相信不少家長都留意到自家貓狗都頗喜歡吃草，有些更會啃咬其他植物，莫非牠們是在「採藥」？許多人（包括我自己）認為，貓狗之所以喜歡吃草，是因為覺得體內缺乏某些營養素需要補充，又或者肚子有點不舒服，想要吃點草催吐，就像不少貓咪吃過草以後就能順利把毛球吐出來。但可惜，至少到目前為止，還沒有足夠科學證據能證明貓狗是否懂得自我藥療。

最相近的研究在 2008 年，是由美國加利福尼亞大學戴維斯分校（UC Davis）分派給 3000 名狗狗家長所做的線上問卷。根據這問卷的結果，多數狗狗都有吃草的喜好，但只有少數（8%）是因為生病才吃；也不是所有狗狗吃草後都會吐，只有不到四分之一（22%）有此情況。至於貓咪，在 UC Davis 進行這方面研究的 Dr. Benjamin L. Hart 表示，除了草，貓咪比狗狗吃更多不同種類的綠色植物，但和狗狗一樣，大部分貓咪不是等到生病才吃植物；此外，研究還發現 1 歲以下的貓狗吃草的頻率比較高。基於上述問卷調查所得的結果，研究人員認為貓狗愛吃草大多不是因為生病或缺乏營養，而是從牠們野生犬科和貓科祖先遺傳下來，以吃草來預防或清除體內寄生蟲的天性。這也解釋了為何 1 歲以下的貓狗吃草的頻率比較高，因幼貓犬的抵抗力比較弱，相對容易有寄生蟲。

但是，我也想藉此機會和大家分享，發生在我家的一宗動物自我藥療事件。此事大約發生在 6 年前，我們家貓老大 Tigger 從小就是個腸胃比較敏感的孩子，有一次牠又開始拉軟便，且無論我如何調整牠的食物、加倍餵飼益生菌都毫無起色，平常一兩天就好轉，但這次已有 5 天都拉非常軟的大便，幾乎是液體狀（每天只拉一次，不算是肚瀉）。本來打算要帶去給獸醫檢查，但當天晚餐時，Tigger 如常的監視我們吃飯，看到我把湯裡的薑片丟出來，牠便湊過來嗅一嗅，接著把整片約 5cm 長的薑片叼到嘴邊，「咔嗞、咔嗞」的吃下，然後滿足的跳走了。

我沒阻止 Tigger，一來是被牠突如其來的霸氣突襲給嚇到了，再來就是我們家的湯從來不放調味，而我清楚薑對貓狗都沒有毒性，所以就由牠任性一次。第二天，也就是我本來要帶牠去看獸醫的那天，我竟然親眼目睹 Tigger 上大號，而且是幾乎完美的正常大號，實在太讓人驚訝了！之後幾天牠也恢復正常，蹦蹦跳跳，大小便正常——就這樣，牠自己痊癒了。

　　後來我反覆思考，想到牠開始拉軟便前，我曾在貓咪們的食物中加了點黃瓜，家裡其他 4 隻貓咪吃了都沒問題，但有可能是黃瓜屬性寒涼，而 Tigger 向來腸胃不太好，受不了寒涼食物，因此大便變得稀爛但不臭。當牠發現那片我丟出來的薑，嗅一下就知道那是當下能幫助牠的食物（因薑屬性辛溫），吃下第二天果然就自癒了。當然，以上是我假扮福爾摩斯推斷出來的。但我試過在牠康復之後再給牠湯裡的薑片，牠別過頭還厭惡的瞪著我，簡直當我是傻子（唉！），然後就逃之夭夭了。自此後我就開始留意食物的屬性和毛孩體質的配合，也對貓狗可能懂某種程度上的自我藥療抱持開放態度。

　　不過，也請各位毛孩家長別太興奮，把自己的毛小孩當作天才神醫喔！畢竟現在的環境跟以前有巨大差異，城市裡大多數人和毛孩都住在高樓的公寓裡，毛孩不能隨便走出去找適合自己的植物，即使走出去，路邊的植物也不多吧。再者，現代貓狗究竟還殘留多少牠們祖先留下來的自我藥療本能呢？沒人知道，可能太久沒用早已退化，又或者根本沒剩多少（尤其是人工配種的純種貓狗）。所以，毛小孩如果生病需要專業的治療，家長還是要帶牠們去看獸醫師，也要注意家裡所栽種的植物都必須經過揀選，別放對貓狗有毒性的，也不要認為貓狗一定懂得選無害的植物去咬，畢竟誰都不想毛小孩們像神農氏般「一天遇七十毒」，對嗎？

香草和芳香療法
真的安全嗎

　　近年來，隨著有毒人造化學物質對環境、人類和動物的不良影響不斷浮現，不少人（包括我自己）開始崇尚「無毒」生活──也就是盡量摒棄化學物，盡可能以天然的物材替代。於是，商家們開始不停的以「100％天然」、「絕對安全」之類的標語來推銷家居產品。其實「天然＝絕對安全」是個過分概括、過分簡化的誤解。

　　不管是天然或非天然的產品，只要不適當使用，還是會出問題啊！例如說野外生長的菇菌算是百分百天然吧？可是不時都有人在進食親自採摘回來的野生菇菌後中毒，甚至身亡；此外，我們煮菜時經常用到的香蔥、洋蔥和蒜，對人類來說不但美味，還對身體有益處，它們都是很普通的天然食材，但對於貓狗來說（尤其是貓）卻是有毒的。

　　所以，我想在這裡呼籲大家先拋開「天然＝絕對安全」這過分簡化的錯誤觀念，雖說天然的食品、居家用品、護膚品等，一般都比採用人工合成的化學產品溫和。但是，無論是人類或毛小孩，在使用前還是要查看成分，了解使用方法，才能安心享用，避免使用後出現不良反應。

純天然的香草，也有致毒的可能？

請記得，如果選擇不當或使用不當，就算是全天然的香草或其製品，也有機會讓人類或毛孩中毒。請務必留意以下的中毒成因：

成因 1 / 植物本身帶有的天然毒性

就拿一種常見於貓狗除跳蚤劑的胡薄荷（Pennyroyal）當例子，這種香草有高含量的「胡薄荷酮」（pulegone），對動物的神經系統和腎臟都有害，也是著名的墮胎草藥，曾經有狗狗因為皮膚塗了含有胡薄荷精油的除跳蚤劑而死亡。所以，由於 Pennyroyal 本身帶有的毒性，無論它有多天然，也不應給毛孩使用。

另外，有不少於 6000 種草本植物（包括約 40 種中草藥，如生活中常用到的紫草）含有「吡咯裡西啶類生物鹼」（Pyrrolizidine alkaloids, PAs）。PAs 具有肝毒性，若長期使用會損害肝臟功能，甚至導致肝衰竭。所以，如毛孩本身有慢性病或長期患病，家長最好別自行購買坊間的成藥或草藥給毛孩服用或外塗，最好先向熟悉草藥療法的獸醫師請教，否則不但未能治好本來的病症，更可能讓毛孩中毒。

成因 2 / 植物受有害物質污染

有些植物本身沒有毒性，但在生長或後來的加工過程中被有心或無意的污染了。像有許多香港人，在感冒初期未必會立刻去看西醫，可能會在午餐時間或下班後跑到公司附近的「涼茶店」喝杯以中草藥煮成的「感冒茶」，然後回家好好休息，希望過幾天就能和感冒說掰掰。不少人覺得這類草本「感冒茶」成效不錯，也沒有西藥的副作用，因此頗為依賴。但這幾年來衛生部門不止一次向這類「涼茶店」進行抽查，也不止一次發現其中有些草本「感冒茶」竟含有西藥成分！因百分百草本的藥物或補充品效果未必比得上一般西藥來得快，有些不法商人就想到在草藥中摻入類固醇、NSAIDs（非類固醇抗炎藥）、鎮靜劑和咖啡因等西藥，來加快或加強藥力。

有些本來無毒的香草，因為生長在被重金屬污染的土壤，而無辜帶有水銀、鉛、鎘、砷等對人和動物都有害的重金屬，也有些是後期加工或儲存不當而被細菌或真菌污染。當然，農藥殘留問題也是值得關注的。所以，大家在選購中西草本藥物或補充品時，請選擇信譽良好的生產商，也盡量選購通過重金屬和農藥殘餘驗測的產品。不過本書所提到的香草，大部分都是大家常用到的料理香草，要在市面找到高品質或有機種植的品項應該不難。還不放心的話，就乾脆自己在家栽種，那就加倍安心了。

成因 3／與藥物產生交互作用（Drug-Herb Interaction）

你知道任何一棵小小的香草裡面，其實都含有至少數十種天然的化學成分（chemical constituents）嗎？這些天然化學成分，也就是這些植物擁有各種效用的原因。但它們當中，有些會和西方藥物中的人造化學成分產生交互作用，可以是良性的，也可以是不良的。

例如，有些香草中的纖維、黏液、單寧（tannins）等成分會影響某些西藥在動物體內的吸收，可能會減少身體對藥物的吸收，也有可能形成加乘效應，加強吸收。如此一來，不止藥力有機會受到影響，嚴重的話動物也可能因此中毒。所以，若毛孩長期患病且正在服用西藥，在決定同時服用別的中西草藥或草本補充品前，請仔細查閱兩者同服時是否會出現不良交互作用。若有疑慮，最好請教有處方草本藥物經驗的獸醫師。

不過，由於本書是入門級的毛孩草本應用指南，所介紹的香草如果適當的運用，都是非常溫和且無毒。當中可能有少數會與藥物產生輕微的交互作用，詳情可參考 Part 2 中對個別香草的詳細說明。若你的毛寶貝長期服用西藥，建議花點時間查閱 Part 2 後再讓牠使用香草。

成因 4 ／ 使用方法不當、個別耐受程度不同

　　首先，大家請別擔心，書裡介紹的香草都是普遍、常見的品種，無論對人類或毛孩都非常溫和。除非很誇張的大量使用，否則安全性都是很高的。

　　但是，就算是非常溫和的香草，每隻貓狗的耐受程度或喜愛程度未必相同。家長要多加留意，尤其是容易腸胃或皮膚敏感的毛孩，首次使用後要更加小心觀察。比起我們，貓狗的新陳代謝率比較高，所以若選對或選錯了香草，在牠們身上所彰顯的反應一般幾天內就會出現，比人體反應快得多；換句話說，如果你在毛孩身上使用一種香草療法已經過整個星期，但身體狀況未出現任何好轉的話，那就是時候試試其他香草了。另外，就算是溫和的香草，如果要長期延續性使用，建議用 5 天，停 2 天，讓身體（尤其是肝臟）每星期有 2 天能休息一下，減少出現不良反應的機會。

　　如果選用現成的香草／草本藥物或補充品，請小心閱讀使用說明，按照動物的種類（貓／狗）、年紀、體重等調整服用量，也請特別留意該草本產品是否只適合短期使用，還是長期使用也可以。

　　總之，要充分了解使用規則，才能開始給毛孩使用，有任何疑慮請向生產商或獸醫師查詢。另外，如果毛孩有肝病或腎病的話，其代謝和排毒功能會低於正常標準，無論在使用草本產品或西藥時，都有較大機會產生不良反應，家長要特別謹慎，請務必充分諮詢獸醫師的意見。

成因 5／ 不同物種對毒性的耐受性

　　這是經常被忽略的中毒原因。或許我們作為家長的，經常都視家裡的毛孩們為「喵星人」和「汪星人」，有時甚至忘了其實貓狗跟人類有著非常不一樣的身體結構。有些對我們人類有益無害的食材或其他物質，其實對貓狗來說是有毒的，例如蒜和蔥類植物，對我們來說幾乎是每天都會吃到的食物，但對於貓狗來說，它們卻是有毒的植物。尤其是貓咪，牠們對蔥類植物內的二硫化物（disulfides）比狗更敏感，非常少量的蔥蒜，就可以讓牠們的紅血球急速氧化，導致溶血性貧血（Heinz body anemia），嚴重的更會致命。

　　除了蔥蒜，貓咪對許多其他藥物和化學物質（就算是來自天然植物）都極度敏感，所以中毒的情況也比狗狗多。為什麼會這樣子呢？這是因為物種生物個別性的關係，導致貓咪的新陳代謝過程與其他動物有所不同，其中一項反應就是對蔥蒜特別敏感。

　　默克獸醫手冊（Merck Veterinary Manual ）和許多獸醫學課本、文獻等都指出，所有貓咪的肝臟都缺乏一種酵素，簡稱 UGT（ UDP- glucuronosyltransferase）。當藥物或毒素進入或出現在一般動物體內時，身體的排毒工序大多依賴肝臟和腎臟進行，許多脂溶性毒素就靠肝臟的葡萄糖醛酸化過程（Hepatic glucuronidation） 去移除，而這項非常重要的解毒過程，正需要運用到 UGT 這種肝臟酵素。以人類來說，就有超過 200 種藥物需要用到 UGT 來代謝，但由於貓咪缺乏 UGT，沒辦法有效率的以葡萄糖醛酸化過程分解某些化合物，所以特別容易造成毒性新陳代謝物囤積，導致中毒的情況。

　　這是所有獸醫都清楚知道的，也是我們不可以亂拿人類的藥物（如阿斯匹靈）給貓咪服用的原因。可惜這極度重要，甚至能救命的資訊，許多家長卻一無所知。我認為獸醫院應該在客人第一次帶貓咪來看醫生時，就給家長一本相關資訊的小冊子，好好教育家長，以免不必要的悲劇發生。

　　除了藥物，其實缺乏 UGT 也讓貓咪對生活環境中的化合物（包括清潔劑裡的化學物質）、藥草製劑甚至精油都極度敏感（尤其所有酚類化合物 phenolic compounds）。要注意的是，貓咪在接觸以上物質後，如果劑量少，而且只是

單次或偶爾使用，或許還能耐受，將毒素慢慢代謝出來。

但是，若是經常或長期使用，就算低劑量還是有可能造成毒素緩慢囤積，中毒的徵狀可能要幾個星期、幾個月，甚至幾年後才會出現，且往往是在血檢時意外發現貓咪的肝酵素（如 ALP 和 AST）遠高出標準，許多個案都是到貓咪非常嚴重甚至死亡時，家長還不知道中毒原因，因為根本沒有人告訴他們身邊這麼多化合物（天然或人工合成都有可能）原來都會讓貓咪中毒！我寫這本書其中一個重要的原因，就是希望貓咪家長能特別留意這點，因為實在有太多貓咪每天都在本應是最安全的家裡，無辜的被「毒害」。

下圖列出幾種常讓貓咪中毒的藥物和化合物（當然不止這些，但下列是最普遍的），請大家務必小心避免。

column 01・貓咪難以代謝的常用藥物／化合物

01　阿斯匹靈 Aspirin
水楊酸鹽類（Salicylates）藥物的一種，常用的頭痛退燒藥。

02　乙醯胺酚 Acetaminophen
如 Tylenol、Panadol 等止痛退燒藥。

03　苯甲酸 Benzoic Acid
幾乎無處不在，常用於藥妝或食物的防腐劑、香料。

04　美洛昔康 Meloxicam
非類固醇抗炎藥 NSAIDs 的一種，常用於人類關節炎藥物（包括外用藥膏／藥貼）。

05　血清素 Serotonin
常用於控制情緒病的藥物。

06　酚類 Phenols
可以是人工合成或天然生成的（如某些精油），常用作消毒劑、防腐劑、殺菌劑、麻醉劑等，也用於製造人造纖維、染料、酚醛樹脂等。煙燻食物、抽菸和二手菸也都會釋放酚。

亂用精油，隨時喪命

無論在人類或動物界，芳香療法（Aromatherapy） 近十年間在港台都非常流行，植物精油也因此在日常生活裡無處不在。一想起精油（Essential oils，簡稱 EOs），大家不期然會聯想到「芳香」、「優雅」等，都是能讓人放輕鬆的聯想，對嗎？但事實上，精油是非常強勢的物質，許多更有藥療功效，所以使用上不該太掉以輕心；尤其當精油使用在體型比我們小的毛孩身上時，更必須預先了解所有風險，某些情況下甚至不應該使用任何精油。

為什麼使用精油要如此小心翼翼？因為精油是眾多植物萃取物中最濃縮、效果最強烈的。我們一般家裡製造的浸泡油（infused oil），只需將香草浸泡在油品裡，假以時日，香草裡部分有效成分就會釋出，融入本來的油裡，以供使用。有別於這種溫和的浸泡油，精油其實是非油性的，而且植物需要經過蒸氣蒸餾，或以溶劑萃取、手壓等繁複方法取得，是非常非常濃縮的。雖然不同的精油對原材料的比例都不一樣，但拿 1 磅的保加利亞玫瑰精油為例，就需要至少 4000 磅的玫瑰作原料；而我們熟悉的薰衣草精油呢？每磅精油需要至少 150 磅薰衣草才能製成。可想而知精油為何高度芳香，而且極度濃縮，因為比起乾燥的香草，精油可是濃縮 75 ～ 100 倍！

基於許多人還有「天然就等同無毒」這種過於概括的誤解，精油被濫用或誤用的情況屢見不鮮。網路上還瘋傳直接喝下精油能有效減肥，這些似是而非的資訊實在非常危險！事實上，由於精油是極度濃縮的物質，在一般情況下必須以合適的基礎油稀釋（不能用水稀釋，因為精油並不溶於水）才能使用，也不鼓勵直接口服，因其酸性非常高，可能會灼傷體內黏膜。我曾經看過有專業的芳香治療師在電視節目裡示範，滴幾滴未經稀釋的純精油在塑膠杯子上，短短 3 分鐘內就能溶解其中一部分，試想，如果精油直接接觸的是皮膚，會有什麼後果？

那麼，是否只要適當稀釋精油，就能安心給毛孩使用呢？答案是：不一定。有人可能會搶答：「還要選擇高品質，沒有摻雜任何化學成分的！」的確，由於所謂的「香薰產品」泛濫，就算平價的清潔劑或毛孩用的洗毛液也常宣稱有精油成分，但其實許多只是採用合成的香味（如各種水果香味）或摻雜了其他化學防腐或添加劑。大家購買時請小心查閱成分表。

就算成分是 100% 天然，但如上文中所提過，有些植物本身就帶有毒性，也因此其精油理所當然含有更高濃度的毒性，只可以微量並高度稀釋後才使用，或有些根本太高風險，完全不適合給毛孩使用。

著名的專業認證芳療師 Kristen Leigh Bell 在她的著作 Holistic Aromatherapy for Animals （中譯本為《寵物芳香療法》）中，就有列出 30 種不建議給動物使用的精油，也有詳細說明給毛孩使用精油時要注意的安全事項。大家如果打算在家或毛孩身上使用精油的話，務必先做好功課，徹底了解什麼可用、什麼不可用、如何稀釋和用量多少等，方可開始使用，否則便可能在無知的情況下毒害了毛孩（請注意，居家使用或自己身上使用精油也算在內，因為毛孩會透過皮膚接觸或空氣吸入精油分子）。

不過，就算你不打算特地使用精油芳療，也請注意以下幾種日常生活中經常會接觸到，且對毛孩有一定風險的精油。

✗樟腦油 Camphor　<避免使用！>

- 有抗菌、防蟲、止癢、止痛、消腫、增進局部血液循環等多種功效。
- 常用於市面上常見的萬用軟膏／萬用油（如美國製造的 Vicks Vaporub 傷風膏、萬金油、白花油、驅風油、曼秀雷敦萬用軟膏等）、紓緩關節或肌肉痛的軟膏／按摩油／藥貼（如正骨水、撒隆巴斯等）。
- 一般家用的防蟲「樟腦丸」，其實是化學合成的萘丸（Napthalene），並不含有樟腦（因天然樟腦較昂貴）；但長期吸入、接觸萘會有機會致癌，所以最好還是別用。
- 含有萜烯酮（terpene ketone），對動物的中樞神經有害，也會影響肝功能。
- 會快速透過皮膚和腸道吸收，可能在使用後幾分鐘就開始呈現中毒徵狀。
- 貓狗中毒徵狀：局部皮膚敏感、暈眩、嘔吐、肚瀉、無精打采，嚴重的話會出現癲癇、呼吸抑制，最後甚至死亡。
- 千萬別讓毛孩使用任何含有樟腦油成分的藥物（就算是外用的），自己或家人也請盡量選擇不含樟腦成分的，如果不能避免，使用後請與毛孩保持距離，別讓牠們接觸到（如貓咪會磨蹭，毛髮就會沾到藥物），或誤食、誤舔到藥物／患處。

✗冬青油 Oil of Wintergreen　<避免使用！>

- 和樟腦油有類似功效，也常見於各種紓緩肌肉痠痛的按摩膏／藥油／止痛貼／紓緩鼻塞的傷風膏等（據衛生署估計，在台灣起碼有 500 多種藥品含有冬青油）。
- 許多含有樟腦油的藥品，同時也含有冬青油。
- 能釋出「水楊酸甲酯」（Methyl Salicylate），對人類、貓狗等均有毒性（尤以貓咪為甚，因牠們缺乏 UGT 解毒）；但人類若非長期使用（超過 7 天）或口服，並按藥品指示使用，中毒機會比較少。
- 5cc 的純「水楊酸甲酯」相當於 21 顆成人劑量的阿斯匹靈，會造成 10kg 的兒童死亡。

- 就算只是外用，也會透過皮膚迅速滲入體內（內服中毒風險就更高）。
- 貓狗中毒徵狀（慢性／急性）：無精打采、沒胃口、嘔吐、胃出血、中毒性肝炎、貧血、呼吸急促／困難、發高燒，如果沒有適時接受治療，有可能導致死亡。
- 千萬別讓毛孩使用任何含有冬青油成分的藥物（就算是外用的），自己或家人也請儘量選擇不含冬青成分的，如果不能避免，使用後請與毛孩保持距離，別讓牠們接觸到（如貓咪會磨蹭，毛髮就會沾到藥物），或誤食、誤舔到藥物／患處。

✕ 茶樹油 Tea Tree Oil ◀ 避免使用！

也被稱為「白千層屬精油」Melaleuca Oil

- 非常普遍被運用在貓狗的洗毛液和各種保養品中。
- 高效能，已被證實有殺滅細菌和真菌的療效，也能有效驅走動物體外寄生蟲。
- 具爭議性，國外獸醫們不時會向動物毒物管制中心通報，貓狗因外用茶樹油而中毒的個案。

個案一 家長在兩隻狗狗背上分別滴了 7 ～ 8 滴茶樹精油以驅蟲，在 12 小時內，一隻狗狗出現後腿局部癱瘓、肢體運動失調和憂鬱等中毒徵狀，另一隻狗狗則表現比平常憂鬱。

個案二 家長直接將未經稀釋的茶樹精油擦在 3 隻貓咪身上；3 隻全部都出現中毒徵狀，其中 2 隻經過 48 小時搶救後康復，剩下 1 隻在留院後第 3 天死亡。

個案三 這是我從一位認識的貓志工口中得知的。有家長以為天然就等於無毒，於是每天都用加了茶樹精油的水來拖地板。過了幾個月，家裡的貓咪變得沒精神，帶去獸醫檢查後發現肝指數超標，但想不出原因，貓咪最後死亡。這是慢性中毒的例子。

- 貓狗中毒徵狀（慢性／急性）：低溫症、肢體協調失常、軟弱無力、顫抖、憂鬱、肝指數（ALT 和 AST）中度超標、昏迷，嚴重的甚至死亡。
- 著名芳療師 Kristen Leigh Bell 認為，許多中毒個案是因為使用混摻劣質品的

假茶樹油，又或者家長錯誤使用（如沒適當稀釋就直接使用）而導致的。

- 由於不時有貓狗中毒個案出現，還是建議大家避免讓毛孩使用茶樹油，如果真的要使用，請加倍小心，大量稀釋並只用高品質的精油（貓咪則是絕不建議使用）。

✕胡薄荷油 Pennyroyal Oil　避免使用！

- 常見於貓狗除蚤用品，同時也是常見的人類墮胎藥。
- 含大量對肝臟有毒性的「胡薄荷酮」（Pulegone）和其代謝物 「薄荷呋喃」（Menthofuran）。
- 貓狗中毒徵狀：倦怠、嘔吐、肚瀉、肝指數超標、咳血、流鼻血、抽搐、嚴重的更會死亡。
- 不建議貓狗使用任何含有胡薄荷油的產品，同住的人類也別使用（對人類也有毒性，只是人類的耐受性比較高而已）。

column 02 · 紓緩肌肉／關節痠痛的另類安全選擇

冬青油、樟腦油對貓狗都不安全，可以選購含以下安全成分的藥膏，這些天然成分，都有增加血液循環和抗炎的功效喔！

- 山金車 Arnica
- 迷迭香 Rosemary
- 薑 Ginger
- 薑黃 Turmeric

貓咪 × 精油 = 絕對危險的組合！

我不時都會收到讀者來信，對貓咪究竟可否使用含有植物精油的產品感到困惑。這種困惑其實很容易理解，首先，如果貓咪不可以安全的使用，為何市面上那麼多標明貓狗共用的寵物護理品都含有精油呢？最直接的原因，可能就是生產商的無知（他們也和眾多消費者一樣，單純認為只要材料是天然的，就對貓狗都無毒）；也有可能生產商誤以為只要其產品並非每天使用，而且精油已經過稀釋，就應該不會讓貓咪中毒。

那為什麼狗狗可以用精油，但我卻經常警告家長別讓貓咪用？主因在前文已提及過，就是由於貓咪肝臟缺乏一種酵素 UGT（UDP-glycuronosyl tranferase），因此沒辦法有效率的以葡萄糖醛酸化過程分解某些毒素，所以特別容易造成毒性新陳代謝物囤積，導致中毒的情況。這就是為何比起狗狗，貓咪對許多無論是化學或天然的化合物都很敏感（容易中毒）。

世界上有那麼多物種，為何只有貓咪如此不幸，竟然天生就有這種解毒機制上的缺憾呢？有科學家發現，世界上所有缺乏 UGT 的動物物種（包括家貓和其他貓科動物），剛好都是「超級肉食者」（hypercarnivores）。在原始世界裡，當然還沒有人造的化學物質，而絕大多數天然的化學物質，都只存在於植物裡。身為「超級肉食者」的貓科動物的日常飲食中，植物應該只佔絕少比例，所以本身的生理結構就沒有這種善於處理眾多植物性化合物（現在再加上人工合成的化合物）的需要。

我自己也曾經有過「貓咪真的不能用精油嗎？」的疑惑，針對這個問題，也特別向我的西洋草本獸醫學老師 Dr. Barbara Fougere（她是知名整全醫學獸醫師，也是美國植物獸醫學會現任副主席）提問。她回覆我：「就算已稀釋並已合法登記的精油，還是會為貓咪帶來問題，因為牠們沒辦法有效代謝，而市面上實在太多精油的酚類含量過高，讓貓咪中毒的風險也大大提高。」

許多貓咪家長被誤導，認為只要選擇全天然、高純度、完全沒有摻假和沒有任何化學添加的精油就不會毒害到貓咪。沒錯，品質低劣並含有化學添加物的精油大多會讓貓咪中毒，但就算是世界上品質最優秀、純度最高、摒除掉所有對貓咪有毒的人工化合物的昂貴精油，仍舊改變不了貓科動物對許多天然植物化合物的敏感問題，況且精油是將這些貓咪難以代謝的化合物濃縮百倍。換句話說，如果一種植物含有對貓咪有毒性的化合物，用它提煉出來的精油就等於是將這有毒化合物濃縮百倍，對貓咪而言毒性就更強烈了。

也許又會有人說，我懂我懂，只要避開那些成分對貓咪有毒的精油不就行了嗎？沒錯，根據毒物學報告認定，貓咪對某些特定種類的精油分子的確特別敏感，其中包括酚類（Phenols）、某些酮類（Ketones）和單萜烯類（Monoterpene hydrocarbons）。這就是為何大多數貓咪都討厭柑橘類水果（包括柚子、柳丁和橘子等）的氣味，因為柑橘類和松樹精油都有高含量的單萜烯，少量已足以讓貓咪中毒。所以，請別在貓咪身上使用任何有這兩類精油的護理品，也請別用任何含有這兩類精油（或人造香味）的貓砂或家居清潔劑。

市面上有不少精油廠商，甚或出版芳療書籍並特調精油販售的獸醫師都說，只要避開以上幾類貓咪特別敏感的精油分子，貓咪就可以享用精油。真的嗎？請別忘記，除了以上幾種已知對貓咪特別危險的精油分子，每種精油都含有超過百種精油分子。身為超級肉食者的貓咪，身體構造並不善於處理多種植物性的化學分子，尤其是像精油這種高度濃縮的物質。因此，究竟貓咪能否有效的代謝其他精油分子，答案還存在許多疑問。

有些人堅持自己調配的精油配方，已給家裡和客戶的貓咪試用過，效果顯著並溫和，貓咪都沒有中毒的情況，那是否就可信？我不會完全否定，但你必須明白每隻貓咪對特定精油分子的耐受性是不同的，他家的貓咪用過沒事，不代表你家貓咪用了也會安全。

另外，請別忘記中毒也有急性和慢性之分，就算所調配的精油配方只含有比較溫和的精油分子，單次使用或偶爾使用可能貓咪還能緩慢的代謝掉，但連續幾天或長期使用是否會因代謝物囤積，而導致貓咪慢性中毒呢？ 貓咪可能使用精油配方後，經過連月的囤積才開始中毒，而且中毒初期往往表面徵狀不明顯，許多人只是碰巧帶貓咪去體檢，驗血後才發現肝酵素指數超標；加上現代貓咪日常有可能接觸到的化學物質那麼多，即便驗出肝指數不合格，許多時侯家長或獸醫都不能確定是否為精油導致。

其實，就算你沒有在貓咪身上直接使用任何有精油成分的產品，貓咪在生活環境中，甚至在你和其他家人身上，都很可能已接觸或吸入各種精油分子（例如有精油成分的清潔劑、個人護理品）。以我自己為例，我家裡不用任何化學的個人護理品，且避免使用任何純精油，但我的面霜、洗髮精和手工皂仍含有精油成分。如果我一洗完澡，臉上塗過面霜後貓咪就來磨蹭，牠們的毛髮也可能會沾到一點精油分子的殘餘，因此實在很難完全避免貓咪接觸精油；只能在洗完澡後隔至少 30 分鐘～ 1 小時，讓空氣流通、身上的護理品已充分被皮膚吸收、洗乾淨手後，才讓貓咪進來房間一起看電視。

Sue Martin 本身是芳療師，也是愛貓之人。她從未在家裡的貓咪身上使用過精油，但由於自己是芳療師，長期在家中用精油薰香，精油在家可謂無處不在。有次，她發現家裡的貓咪 Tasha 變得無精打采，就帶去給獸醫檢查，檢查結果一切正常，除了肝酵素指數接近超標。幸好，當時 Sue 想起了動物毒理學家 Dr. Khan 所寫有關精油與貓的資訊，就聯想到 Tasha 的情況有可能與家裡使用精油有關。於是，她就開始了一個維持兩個月的實驗，就是在 Tasha 所有的生活習慣（包括食物）不變的情況下，家裡停止使用任何精油。兩個月後，Tasha 回到診所接受血檢，肝酵素指數果然回復正常。

Tasha 這次的小狀況，幸運的讓 Sue 明白：精油並不是貓咪的朋友。我也藉此請大家別在家裡用精油薰香或使用精油霧化／擴香器（除非在貓咪絕不會進入的房間，還要保持空氣流通），因為就算皮膚沒直接接觸，貓咪還是會透過呼吸而吸入精油分子的。

那麼，貓咪豈不是不能享用任何芳香療法嗎？我只可以說，貓咪的健康與命運，並不掌握在獸醫或任何其他人的手中，而是在作為家長的你手中。你要是執意將貓咪的健康賭上，沒有人可以阻止你，但你要肯面對和接受結果。況且，如果貓咪健康出現小問題，就算不計其他自然療法，還是可以使用新鮮或乾燥的香草，或如芳療師 Kristen Leigh Bell 所推薦的純露（Hydrosols），都是有效且比精油稀釋、溫和、安心得多的好選擇。但是，若因某些特殊原因一定要在貓咪身上使用精油的話，請在熟悉芳香療法的獸醫師指導下進行。

---

column 03・貓咪精油中毒的常見徵狀

- 渾身無力、無精打采
- 四肢行動不協調
- 癱瘓
- 流口水
- 嘔吐
- 眼神迷濛
- 肝酵素指數超標（表示肝臟功能受損）
- 如不及時治療，最後可能死亡

懂得用，
其實香草真的好好用

　　前文和大家分享過香草在人類歷史和動物世界裡的重要角色，同時也花了大篇幅提醒大家，如果用法不當，部分香草確實會危害毛孩的健康。天然，不一定是無毒的，這點我會經常提醒，希望大家記住。

　　2005 年在德國、瑞士和奧地利有項普查，當中參與的 2675 位獸醫師裡，竟然有多達 75% 表示有在動物身上使用草藥療法，尤其是長期病患或作為輔助療法。事實上，世界各地的獸醫師和毛孩家長近年來都對草藥療法越來越感興趣。究竟香草對毛孩的健康有什麼好處？為何我會建議各家長，除了鮮食，請把香草也放進毛孩的「健康工具箱」裡？

▌草藥療法為毛孩帶來希望

　　近 20 年來雖然寵物貓狗的平均壽命越來越長，但伴隨的長期病症（關節炎、各類敏感症、癌症、慢性腎病、內分泌失調、失智症等）卻越見普遍。面對這些慢性但長期折騰的病症，傳統的對抗性（Allopathic）獸醫學往往未能有效根治或減輕病情，就算吃著西藥能稍微紓緩病徵，但藥一停徵狀就全都回來，有時甚至比未吃藥時更嚴重。但如果為了紓緩而一直吃西藥，不少西藥卻會帶來其他嚴重的副作用（如長期服用會損害腎臟或肝臟功能），又或者讓動物身體漸漸產生抗藥反應。

世界各地許多獸醫師和毛孩家長對此感到失望、無助，所以尋求另類療法。其中歷史悠久的天然草藥療法（中藥草／西洋藥草）開始受到重視，因為它們能透過重新平衡動物體質而提高動物的自癒能力，從而減輕各種長期疾病的病徵。如果適當使用（尤其是在有經驗的獸醫師指導下），就算長期使用也比服用西藥更少出現副作用和抗藥性。

有些被西醫診斷為沒辦法治癒，只能盡力控制病症的毛孩（如患慢性腎衰竭、癌症、糖尿病等），在接受草本療法後病情出乎意料的好轉，有些更奇蹟般（其實也不算奇蹟，是需要包括飲食的多方面配合）康復了！ 請別誤會我是在鼓吹草藥療法能醫百病，只是在某些情況下（如慢性病、預防衰老及養生），它的確具有優勢。以下簡單總括了草藥療法的基本好處：

column 04・草藥療法（Herbal therapy）對毛孩的 10 個好處

1. 提供主流對抗性獸醫學以外的另類治療選擇。
2. 如適當使用，能有效治療及預防慢性疾病（比傳統西藥更少副作用，更適合長期服用）。
3. 比西藥更少引起抗藥性反應。
4. 已有數千年歷史，在世界各地有許多成功實例和典籍可供參考。
5. 在多種自然療法當中，可算是最具科學理據及科研成果的一種。
6. 草藥師認為草藥比西藥的效果更持久、更深入。
7. 許多常見的香草，也可以解決毛孩的小毛病，是家裡的「常備良藥」。
8. 某些香草／草藥有預防慢性病、增加抵抗力、抗衰老的功效。
9. 除了某些特別罕有的草藥，一般草藥可能比西藥價格更低廉。
10. 草藥能配合其他自然或整全療法，也能在獸醫師的指導下作為輔助療法。

column 05・香草的兩類有效代謝物

主要代謝物（具營養效用）

- 碳水化合物
- 氨基酸
- 脂肪酸
- 維生素
- 礦物質

副代謝物 （具藥性功效）

- Volatile oils 揮發油
- Flavonoids 類黃酮
- Anthraquinones 蒽醌
- Coumarins 香豆素
- Alkaloids 生物鹼
- Saponions 皂素
- Sterols 植物固醇
- Tannins 單寧酸

　　許多藥草師和廚師都認為，香草是大自然賜給我們的寶藏，但很可惜，到目前為止，人類還未能徹底發揮香草的潛能。大家是否知道現代西藥中，大概有 25% 其實是由香草提煉的呢？縱使如此，每種香草都有起碼數十種，甚至多達百種的有機化合物，當中許多並未被發現，其功效更不得而知。每株香草看似簡單，其實全身都是寶。

　　香草的主要代謝物（Primary metabolites）包括各種它們本身為了生存所需的營養素，如各種氨基酸、脂肪酸、碳水化合物、維生素和礦物質等。除了這些營養物質，香草更厲害的地方，就是它們所提供的副代謝物（Secondary metabolites），這些副代謝物的產生，主要是為了防禦外敵，其中許多還有具藥性的有效成分。所以，就算是日常烹調使用的香草，也能為我們帶來營養又保健的雙重好處。

反對草藥療法的聲音

草藥療法（包括傳統中醫藥）雖然在民間獲得頗高的認同，但在現代社會，畢竟還是以科學為主流，所以還是要面對不少反對聲音，理據如下：

1. 缺乏監管，罔顧消費者安全。
2. 有些草藥具有毒性，也有機會和西藥產生交互作用。
3. 草藥療法不科學，缺乏科研證據。
4. 藥草未必比西藥有效。
5. 病人有可能因此延誤病情。

在許多國家，大部分含草藥的產品還是以補充品的身分在市場販售，所以不像西藥般受到嚴厲監管，大家為此擔心，確實是可以理解的。尤其有些生產商為了銷量刻意吹捧，將產品功效無限誇大，不肖者甚至可能在產品裡摻假，騙慘了消費者。

加強監管這方面，真的還離完善很遠，所以只能靠消費者自己小心選擇。至於第二點有關草藥藥性和跟西藥的相互作用，前文已提及過，所以不再重複。不過，我想提醒大家，其實「是藥三分毒」，西藥所帶給毛孩的副作用和交互作用也是非常普遍的，只是許多家長誤以為同是病徵，沒有察覺是服用藥物後的副作用而已。整體而言，若能適當的使用，一般草藥還是比西藥來得溫和，且較少副作用。

▌為何草藥療法就是「不科學」？

另一個有關草藥療法的主要爭議，就是覺得它不科學。支持草藥療法的人會說：「還沒發明西藥之前，草藥療法早已有幾千年歷史，治好的病例不勝枚舉，這怎麼算？」反對的，又會反駁說，幾千年歷史和數不盡的病例也不能證明其安全性或效用。於是，爭論不休。

我想問問大家，在牛頓還未被蘋果擊中，還沒發現地心引力的時候，難道這地球上就不存在地心引力嗎？到目前為止，還沒有足夠科研證據能確定靈魂的存在，難道因為如此大家都要接受我們只是肉體，沒有靈魂嗎？科學固然非常重要，但其實它只是人類用來解釋大自然現象的工具；科學並不是事實的全部，更不是「The Ultimate Truth」（如果有的話），希望大家對科學以外也能保持理性的開放態度。

無可否認的是，許多草本植物確有藥效，而草藥療法更蘊涵了人類歷史的民間醫學和生活智慧，萬一失傳了絕對會是人類的重大損失。再者，與其說草藥療法「不科學」，倒不如說科學界多年來對草藥療法視而不見，選擇性的不去研究。換句話說，科學界對於草藥的研究是非常落後的，其中一個非常具代表性的例子，就是抗瘧藥物──青蒿素。

原來早在 1700 年前的傳統中醫藥古方之中，就有利用青蒿等中草藥治療瘧疾的紀錄。晉朝醫學家葛洪的中醫方劑學名著《肘後備急方》中就有這抗瘧紀錄：「青蒿一握，以水二升漬，絞取汁，盡服之」。中國著名女藥學家屠呦呦也是受到這些古籍記載啟發，在 1971 年才成功從黃花蒿中以低溫萃取，分離出「青蒿素」，成功研製當時的新型抗瘧藥。青蒿素從那時起拯救了幾百萬名瘧疾病人的性命，而屠呦呦也憑著青蒿素，在 2015 年獲頒諾貝爾醫學獎，成為中國首位女性諾貝爾獎得主。她示範了如何在繼承傳統草藥學（中醫學）的精華基礎中，結合現代科學和技術，好好利用草藥中的活性有效成分。

雖說對於草藥的科研多年來嚴重滯後，但自從 2000 年以來，這方面的研究都有明顯上升的趨勢。單在 2009 ～ 2013 年期間，就有超過 1 萬份有關藥草的科研報告成功發表。但先別開心過頭，在可見的將來，比起西藥，草藥可能還是不會被科學界重視。

首先大家必須了解，進行科研需要大量金錢。這些科研資金一般來自藥廠、政府部門、大學學院或醫療機構。草藥學家最希望可以多些有關整株草藥或其部分（如根部、葉子）的科研，但就算研究成果證明其藥效顯著，由於植物並不屬於科學家的發明，而是本來就存在於大自然，因此就無法申請專利權。說白點，就是這種研究並不能帶來龐大利潤，所以絕少進行（因為很難遇到不計回報的人或機構願意出資）。

現代比較多科學家選擇像屠呦呦那樣，從傳統草藥療法得到啟發，嘗試從草本植物中分離出特定的有效活性成分，再加以純化，製成西藥。一株草藥中至少有幾十種（有些多達百種）化合物，要找出究竟是哪種或哪幾種真正有藥效，並且順利將其分離出來，過程的確非常繁複且耗時，也因此需要大量資源。

不過，有別於研究整株植物或其部分，這種以分離出活性有效成分為目標的科研，由於特定有效成分算是被科學家「發現」或「發明」的，所以大多可申請專利。這些被分離並純化的有效成分，通過充分測試後就可以正式註冊成為藥物，被藥廠大量生產，有望帶來利潤，有機會不用虧本。

▌草本研究科學化的爭議

多了科學家願意研究香草中的有效成分，那不是很好嗎？表面上看似給香草或其他草本植物多了點認同、多了分尊重，而且幫助大家了解究竟為何某種植物會有特定藥效，讓大眾更易接受。

但凡事都有兩面。大多數草藥家都主張使用整株藥草或其部分，甚至其濃縮物（extract）。這是因為他們了解到草本植物之所以有治癒能力，並不是單一活性成分的功勞，而是當中數十種（甚至更多）的化合物相互影響、合作，所釋出的協同效應。有些藥草裡有多種類似功效的活性成分，又或者加起來剛好可以互補的成分，這些成分被同時服用時療效就自然加倍了。相反的，有些活性成分雖然很有效，可是單獨使用時毒性會很強，但奧妙的大自然卻將能中和其毒性的多種其他成分放入同一植物中，讓服用者能安全使用。

但是，像屠呦呦般用現代科學將藥草中的單一有效活性成分分離出來，然後以西藥的型態製造藥物，其實已將原本來自草本的成分「西藥化」。沒有了整體草藥中其他化合物「隊員」的支持或制衡，這種西藥化的草本有效成分只能單打獨鬥，也因此副作用可能比它來自的植物多（因其毒性更濃縮，而且沒有其他天然化合物制衡）。而且，青蒿素近年來已被證實產生了抗藥性。「西藥化」的草本有效成分，由於是單獨行動，而不是與其他植物性化合物集體作業，因此會像一般西藥般比較容易產生抗藥性。病菌／病毒要適應單一種敵人很容易，但如果對手是整體的藥草，即包含了至少數十種或百種不同特性的化合物，要同時適應就會比較困難。這就是為何在傳統的草藥療法中，比較少出現有抗藥性的情況。

基於現代科學／醫學與傳統草藥療法的根本哲學和理念都存在分歧，部分自然療法界的朋友對目前以現代科學方法研究草本學並不完全贊同，認為現代科研將草本學過度簡化（Reductionism）。現代醫學著重對抗性療法（Allopathic medicine），就是要將體內致病的細菌或病毒等趕盡殺絕。

但是，傳統草藥療法其實屬於整體醫學（Holistic Medicine），比較著重病者整體，認為病者身體上必定是出現某種不平衡，才會發展成各種不適的症狀，或讓細菌、病毒等有機可乘。如要根治，就要協助病者重拾平衡，那疾病自然會隨之而去。中醫學名著《黃帝內經》提到：「正氣內存，邪不可干」，也是這個意思。

這兩類醫學的根本信念完全不同，但值得安慰的是，越來越多獸醫師對「綜合醫學」（Integrative medicine）感興趣，即依據患者的病情和特性，選擇西醫學或另類／整體醫學的療法去配合使用。這種為了動物整體福祉著想的治療方針，也是到目前為止，最能讓我感到安心的。

▌適當選用香草，讓它們成為你的小管家

以上說了這麼多，只是希望大家在為毛孩選擇治療方法或獸醫時有經過充分的思考。因為按情況而定，有些急症真的用西醫的方法才能救命（例如需要動手術），但可能往後在康復期間，用中／西草藥去調理又會比較合適。以我個人的經驗來說，中／西方的草藥療法，對於日常防病養生、大病後調理、老年護理和有些長期病症（如腎病、關節炎、癲癇、失智症、癌症、各類敏感症和其他自身免疫系統失調的症狀等）一般都有顯著的療效，而且如適當使用，較少引起副作用。當然，就算選擇草藥療法作為主要或輔助治療，最好還是要在具有草藥療法資格和經驗的獸醫師指導下進行。

在這本書接下來的部分，我將和大家分享的香草都是非常普遍、溫和的，許多更是料理上常用到的好幫手，它們除了擁有讓人愉悅的特殊香味和營養，還具備其他溫和的療效或功效。我敢向大家保證，若現在就把香草們帶進你們和毛小孩的生活裡，往後不管吃、住、行，都能以輕鬆的心情，換來更健康、更無毒的每一天。因為香草們真的是個能把生活中每個層面都照顧周到的貼心小管家呢！

02

22 種常用又好用的香草。

22 useful & everyday herbs.

▌前言

在本章節裡，我特別為毛孩們選擇了 22 種常見且常用的香草，並和大家分享如何在日常生活中好好運用它們，讓毛孩更健康，甚至能幫忙解決一些日常的小毛病或小傷患。

貓咪家長們請特別注意，因某些香草不適合貓咪內服，甚至根本不適合貓咪使用，請特別留意文中的警示。另外，請大家在毛孩身上使用任何一種香草前，除了先了解它的功效，也務必事先細閱其安全／注意事項。

最後，提醒大家，無論是貓咪或狗狗，每位毛孩都是獨立個體，對每種香草都有自己的喜惡，這是需要被尊重的；也由於每位毛孩的體質和身體狀況不一樣，所以對每種香草的反應也未必完全相同。因此，每次使用香草後（尤其是初次使用），請細心觀察毛孩的反應（包括精神狀況、大小便和食慾等），若出現任何不良反應，請考慮減少劑量或停用。

若毛孩罹患嚴重疾病或是長期患病的話，請先諮詢對草藥有認識的獸醫師的專業意見，因有些香草可能會與毛孩正在服用的藥物產生相互作用。對於嚴重的病症，雖然香草未必能完全替代西藥，但若使用得宜，卻能成為很不錯的輔助保健品。

Aloe Vera
蘆薈

 🐕 🐈

學名：*Aloe barbadensis*

註：本品種最為普遍，還有其他約 500 多種品種。

> **使用部位**

- 蘆薈凝膠 Aloe Vera Gel （包裹在蘆薈堅硬葉子下的透明水潤果凍狀部分）
- 蘆薈汁液 Aloe Vera Juice

> **針對器官／身體部位**

皮膚、消化系統、淋巴系統

> **主要有效成分／營養特色**

- 多種氨基酸、酵素、多醣體（包括具有非凡療效的「蘆薈多醣」Acemannan）、維生素 C、維生素 E、胡蘿蔔素、鈣、鎂、鋅等。
- 蘆薈素／蘆薈醌（Aloin）：主要蘊藏在葉子韌皮下層的黃色乳膠（Latex）部分；可能導致嚴重腹瀉，應避免服用含有蘆薈乳膠的產品。

> **由中醫學角度看蘆薈**
>
> - 性味：寒、苦（如毛孩體質屬虛寒，就不宜內服）。
> - 歸經：肝、心、脾。
> - 功效：瀉下、清肝火、殺蟲、用於熱結便秘。

適用於多種貓狗皮膚問題

- 蘆薈凝膠具有卓越的保濕功能，多項動物和人類實驗也證明有紓緩皮膚（降溫、滋潤）、加速傷口癒合、抗菌消炎、鎮痛和收斂等效用。
- 適用於：燙傷、燒傷、曬傷、抓傷和各類表面傷口、蚊蟲叮咬所致的痕癢／紅腫、濕疹、紅疹、膿腫、真菌感染（包括金錢癬）、皮膚敏感、皮膚炎、術後皮膚護理（拆線後才使用）、結膜炎／角膜炎（外塗）。

緊急狀況時的天然家用瀉藥

- 蘆薈汁具有輕瀉效用，能速進大腸蠕動，讓大腸環境更濕潤，同時能減少大腸從糞便中吸收水分。
- 若遇上毛孩已 2 ～ 3 天沒排便，或很辛苦才排出一兩粒異常乾硬的大便等便秘狀況，可試試給少量蘆薈汁液，服用後 6 ～ 24 小時見效。可能會導致依賴性和電解質失衡，所以不建議長期使用，只適合短期（不超過 2 ～ 3 天）並少量服用；若便秘情況持續或惡化，必須向獸醫師求助。
- 如毛孩長期或經常便秘，建議重新檢視其飲食習慣；有些毛孩可能是因過分虛弱或燥熱而影響排便，這些情況中獸醫師可利用針灸和中草藥等提供治療。

增強自身抵抗力

- 蘆薈中的蘆薈多醣（Acemannan）已被多項研究證實是非常有效的免疫增強劑，同時有抗炎和抗病毒效用。
- 蘆薈多醣注射劑曾在實驗中證明能有效對抗癌細胞，亦已獲美國 USDA 認可能作為貓狗纖維肉瘤（Fibrosarcoma）和貓科白血病（FeLV）的療法。
- 研究指出，蘆薈多醣注射或口服劑能有助已病發的貓免疫缺乏病毒／貓愛滋（FIV），為貓咪增強抗病毒能力和減輕各種症狀。

Aloe Vera 蘆薈

蘆薈凝膠 Aloe Vera Gel（只供外用）

- 在受影響的皮膚上塗抹薄薄一層，等待數分鐘，待凝膠乾透即可（等待時最好別讓毛孩舔掉凝膠）。
- 每天使用 1 ～ 2 次，直到皮膚狀況康復為止。
- 因蘆薈凝膠有收斂作用，有些毛孩會不喜歡凝膠乾透後稍微繃緊的感覺；也因同一原因，若在手術後傷口上使用，請待拆線後（或術後 7 ～ 10 天）才開始使用。

蘆薈汁液 Aloe Vera Juice（外用／非常有限的內用）

- 外用方法與蘆薈凝膠相同。
- 由於可能導致腹瀉，如作內用，只限在非慢性病患的毛孩出現便秘狀況時，作為暫時性的天然瀉藥之用。
- 服用量：每公斤體重，每日服用 0.5 ～ 1.5ml，最好分早、晚餵服；可直接餵服，或混入少量味道能吸引毛孩的食物裡給牠們服用。
- 因可能導致依賴性和電解質失衡，所以不建議長期使用，只適合短期（不超過 2 ～ 3 天）並少量服用；若便秘情況持續或惡化，必須向獸醫師求助。

- 坊間和網路上經常散播蘆薈對貓狗有毒的警告，其實如適當使用蘆薈凝膠／汁液作為外用，一般都非常安全（但不建議在剛做完腹部手術的傷口上使用，曾有報告指出蘆薈可能會延誤這種傷口的癒合，其他淺層的皮膚傷口則可放心使用）。
- 不少草藥師都建議，在家新鮮割下的蘆薈葉子，最好只限於外用，擔心在處理時難免摻雜到葉皮下的黃色蘆薈乳膠（Latex），其中的蘆薈蒽醌（Aloin）可能會導致強烈腹瀉！千萬記得要避開蘆薈乳膠。
- 貓狗可非常有限和短暫性的內服純蘆薈汁液（請參考上述說明，也要避免添加化學防腐或其他化學添加的產品），但懷孕或授乳中的毛孩應避免使用。

Basil
羅勒

學名：*Ocimum basilicum*

註：品種繁多，廣為人知的有義式料理基本醬料「Pesto Sauce 青醬」裡
　　必用到的甜羅勒，還有台菜「三杯雞」裡用到的九層塔。

- -

使用部位

葉子（新鮮／乾燥製成品）

主要有效成分／營養特色

- 含有多種抗氧化物（如維生素 C、胡蘿蔔素、熊果酸、莧草素和芹菜素等類黃酮）。
- 提供錳、鈣、鐵、鎂、葉酸和 Omega-3 脂肪酸等營養素。

主要功效

抗氧化

- 羅勒葉含有多種抗氧化物，其中的水溶性類黃酮莧草素（Orientin）和一種芹菜素（Vicenin）在研究中能保護人類白血球結構及染色體，免受氧化及輻射破壞。
- 羅勒所含芳香成分（Aromatic constituents）的抗氧化功效不遜於維生素 E 和化學防腐劑 BHT。

抗炎

- 初步研究發現，羅勒含有石竹烯（Beta-caryophyllene）和丁香酚（Eugenol）等抗炎成分，可能有助紓緩貓狗退化性關節炎和發炎性腸道疾病（IBD）等炎症。

Basil 羅勒

抗病毒

- 研究發現羅勒濃縮物或其分離純化物，如芹菜素（Apigenin）、沈香醇（Linalool）、熊果素（Ursolic Acid）等，均有對抗過濾性皰疹病毒、腺病毒、B 型肝炎等病毒的功效。

抗真菌及抗細菌

- 羅勒裡的芳香成分，能有效抑制多達 22 種真菌。
- 配合百里香（Thyme）一起使用，其抗菌功效更加提升，能有效對抗多種抗藥性細菌，包括多種腸球菌、葡萄球菌、假單胞菌等。

毛孩使用方法

作為食用香草 （新鮮／乾燥葉子均可）

- 在毛孩的正餐上灑上少許乾燥的羅勒（或剪碎的新鮮羅勒亦可），能為食物增添香氣以外，也能輕鬆為營養加分。
- 由於羅勒抗氧化功效顯著，非常適合作為自製鮮食／零食裡的天然防腐劑，且只需要使用少許即可。

作為家用清潔劑／天然抗菌劑 （外用）

- 能配合其他同樣可抗真菌、抗細菌和抗病毒的香草，自製天然有效且無毒的居家清潔劑／抗菌劑（作法請參考 Part 5），取代化學清潔劑。

安全／注意事項

- 在台灣，坊間和網路上還不時散播著「九層塔／羅勒會導致肝癌」的流言，流言似乎是出於一則把九層塔裡的化合物「Eugenol」誤會成「黃樟素」（黃樟素英文是 Safrole 才對）的文章。雖然 2004 年台北榮民總醫院臨床毒物科醫師們已澄清，Eugenol 中文為「丁香酚」，並不是致癌物質，但流言仍繼續流通。
- 其實，九層塔／羅勒裡還含有另外一種讓人認為會致癌的化合物 Estragole，中譯「艾草醚」。除了羅勒，其實不少香草都含有或多或少的艾草醚（如小茴香、大茴香、八角茴香、檸檬香蜂草、茵陳蒿等）。

- 近 20 年來經過上百項研究發現，如每天向實驗白老鼠直接注射非常高劑量（約人類每日正常攝取量 50 萬倍）的艾草醚，牠們的肝臟就會產生腫瘤。所以，至少在歐洲，艾草醚被認定為含有基因毒性的鼠類致癌物質，但還不確定在人類身上是否致癌，畢竟不同物種對相同物質也會產生不同代謝。不過，歐盟還是禁止使用人工合成的艾草醚作為食品香料。
- 絕大多數有關艾草醚的研究都是使用人工合成的高濃度艾草醚，而且多數是以異常高劑量直接注射入實驗鼠的體內。這種攝取方式和服用量都和我們日常從天然羅勒（或其他含艾草醚的香草）所得來的有天壤之別。要記得每種物質（就算本來無毒）服用過量都有可能有害，即使是水，如果誇張的喝太多，無論人類或毛孩也會水中毒！
- 2012 年，義大利佛羅倫斯大學的科學家指出，過去有關艾草醚致癌的研究，都使用被單獨精煉／分離、高純度（許多更是人工合成）的艾草醚，並不是在天然狀態下的艾草醚，如果單純靠這些研究結果，就認定所有含有天然艾草醚的香草／食材會致癌，是妄下定論。
- 早在 Part 1 中，已跟大家解釋過許多草本植物都會帶有毒性化合物，以作為自身防禦機制，但同一株植物因含有幾十種，甚至上百種天然化合物，當中也有能中和，甚至蓋過本身毒性的化合物。所以，從某植物中分離出一種具有毒性的化合物，並不等同服用該植物的整全部分就會中毒。就如羅勒，雖然含有「可能致癌」的艾草醚，但同時含有許多已被證實抗氧化／抗癌的化合物，所以到目前為止，從未聽說過有人因為吃羅勒／九層塔而得了癌症。
- 直到 2016 年，羅勒還是在美國 FDA 的 GRAS（Generally Recognized As Safe）的食物安全名單上。
- 總的來說，個人認為不論人類和毛孩，只要不是服用人工合成的艾草醚（Estragole）食物添加劑，或經過濃縮的羅勒／九層塔（或其他含有艾草醚的香草）的製成品（如精油或濃縮萃取物），而只是純粹用正常分量的新鮮／乾製羅勒做料理，就不必過分擔心會帶來患癌的風險。

Burdock
牛蒡

學名：*Arctium Lappa*

使用部位

- 根莖（最常用）、葉子
- 牛蒡籽（中醫藥用）

針對器官／身體部位

皮膚、肝臟

主要有效成分／營養特色

- 營養非常豐富，含多種胺基酸、豐富的菊苣纖維（Inulin）、黏膠質、木酚素（Lignan）、類黃酮、苦瓜苷、生物鹼、亞麻油酸、鉀、鈣、磷、鐵質、矽、維生素 B1、維生素 B2 等。
- 非常高纖，是花椰菜的 3 倍，胡蘿蔔的 2.6 倍！

由中醫學角度看牛蒡

- 性味：辛、苦（如毛孩體質屬虛寒，就需要配合溫性食材才可內服）。
- 歸經：肝、胃。
- 功效：疏散風熱、宜肺透疹、解毒利咽。

適用於多種貓狗皮膚問題

- 牛蒡具有卓越的排毒功能，它的利尿功效能促進累積在體內的毒素通過尿液排除，也能提升肝臟的代謝功能，從而加強肝臟解毒的能力。
- 皮膚是動物身上表面積最大的器官，當體內毒素累積或出現任何失衡的狀態時，往往就由皮膚呈現出來。所以要徹底解決毛孩棘手的皮膚問題，必定要先處理內在失衡與毒素累積的狀態。
- 除了有助排毒，牛蒡也有抗炎功效，能紓緩各類皮膚炎症。
- 有助多種皮膚問題（尤其慢性）：慢性／急性濕疹、紅疹、膿腫、皮膚乾燥的痕癢／脫屑、皮脂分泌過剩、皮膚敏感、皮膚炎等。

護肝功效顯著

- 牛蒡是天然食材中數一數二的護肝使者，能改善肝臟代謝及解毒功能。
- 科研已證明牛蒡的抗氧功效能保護肝臟細胞。
- 動物實驗發現，當肝臟受到急性破壞引致急性炎症時，食用牛蒡能有助對抗。
- 適用於肝臟排毒功能較衰弱的毛孩，像是曾經／現在正長期生活在被污染物包圍的環境、曾經／現在正長期服用西藥、年老排毒功能衰退、有慢性肝病和罹患癌症的毛孩（如毛孩患有急性肝病或非常嚴重的慢性肝衰竭，建議先諮詢有草本藥物經驗的獸醫師）。

有效消除自由基（抗衰老、防癌抗癌）

- 牛蒡含多種酚類植化素，如類黃酮（flavonoids）、木酚素（lignans）等，能有效消除導致細胞衰老或突變的自由基，所以被認為有助抗衰老、防癌抗癌。
- 有文獻指出牛蒡中的兩種木酚素，牛蒡苷（Arctiin）和牛蒡苷元（Arctigenin），能抑制人類白血病細胞、大腸癌和胃癌細胞；在動物實驗中，牛蒡苷與牛蒡苷元也展示了能抑制乳腺癌和胰臟癌的效果。
- 如果家中毛孩屬於年長、皮膚狀況總是不好或不幸患癌，建議不妨將牛蒡加入日常飲食中，對整體健康都會有幫助。

Burdock 牛蒡

天然貓咪鎮咳藥

- 有研究發現牛蒡根莖中的菊苣纖維（Inulin）對貓咪來說有溫和的鎮咳功效，若家裡貓咪因天氣變化或感冒而有點輕微咳嗽，可以試試在食物裡加點牛蒡茶，有助鎮咳。

毛孩使用方法

- 由於狗狗和貓咪都是肉食動物（貓咪更是完全肉食者，在我的作品《貓咪這樣吃最健康！》中有詳盡解說），牠們有別於人類，身體並不擅於處理大量植物纖維。而牛蒡是異常高纖的食材，所以不建議在牠們的日常食物中使用牛蒡（狗狗的話，偶爾／少量是可以接受的）。膳食中若含有過多纖維，反而會影響蛋白質和其他營養素的吸收。
- 對毛孩最簡單又有效的服用方法，是以牛蒡根部泡茶，待稍涼時直接飲用或加進食物裡。
- 每 5 ～ 30g 的牛蒡（乾燥的用 5g 就夠）以約 240ml 熱開水沖泡 15 ～ 30 分鐘。
- 貓狗服用量：每 10 公斤體重，每日服用 60 ～ 120ml，最好分開 2 ～ 3 次餵服。

安全／注意事項

- 基本上牛蒡可說是非常溫和又安全的藥草／食材，可以安心使用。
- 少數人／動物在接觸到牛蒡的粗糙外皮或葉子後，皮膚會出現暫時性的過敏反應。
- 因牛蒡有利尿作用，正服用利尿劑的心臟病患毛孩，可能不適宜長期服用牛蒡，以防過量排除身體水分。
- 牛蒡含有豐富鉀質，某些罹患腎病的毛孩可能因藥物影響而須限制鉀質攝取量。打算長期服用牛蒡茶前，請諮詢獸醫師的意見。

Calendula
金盞花

學名：*Calendula officinalis*

....

使用部位
花

針對器官／身體部位
皮膚、體內外各黏膜組織

主要有效成分／營養特色

- 含豐富葉黃素（Lutein）、玉米黃素（Zeaxanthin）、維生素 C、維生素 E、胡蘿蔔素。
- 含有多種皂苷（Saponins），包括齊墩果酸（Oleanolic acid）、三萜類化合物（Triterpenes）、類黃酮（Flavonoids）、揮發油、黏液質（mucilage）及有助增強免疫力的多醣體（Polysaccharides）。

由中醫學角度看金盞花

- 性味：平、淡。
- 歸經：肝、大腸。
- 功效：涼血止血、清熱瀉火；主治腸風便血、目赤腫痛。

Calendula 金盞花

主要功效

家居必備的外傷急救藥草

- 金盞花同時具有抗菌消炎、保濕、紓緩、鎮痛、收斂等功能，適用於多種外傷。
- 有效加速受損皮膚組織更生及復原，能促進傷口癒合（但也由於這原因，如傷口還須排膿，請待排清後再使用金盞花）。
- 多項實驗證明金盞花能有效預防防癌症病人電療後所產生的急性皮膚炎。
- 適用於燙傷、燒傷、曬傷、抓傷和各類表面傷口、蚊蟲叮咬引致痕癢／紅腫、濕疹、紅疹、皮膚敏感、皮膚炎、術後皮膚護理（拆線後再使用）。

紓緩各類黏膜炎症

- 由於金盞花含有黏液質（mucilage）及有顯著抗菌消炎兼滋潤等效用，所以特別適合用於對付表面和體內任何黏膜炎症，紓緩和加快消退炎症。
- 可用金盞花茶洗淨毛孩眼睛（結膜炎、角膜炎／外傷）、鼻腔或口腔內外（包括牙齦炎）的傷口、潰瘍或炎症。
- 不論人類或貓狗的腸道內壁，都是由黏膜組成，研究發現金盞花對罹患慢性大腸炎的動物都有幫助。
- 如毛孩出現輕微便血，可立即給牠內服金盞花茶，但若便血量一天下來還未減少或次數更趨頻繁，應盡快帶去看獸醫（如毛孩每隔一段日子就便血，也不正常，最好帶去看看中獸醫，好好調理體質）。

其他功效

- 金盞花含有多種抗氧化劑，近年更有初步研究發現其萃取精華具有抑制某些癌細胞及刺激淋巴細胞的能力。
- 有研究指出金盞花能促進狗狗的膽汁分泌。
- 在實驗鼠身上，金盞花展現出顯著的退燒和鎮痛功效。

- 對毛孩最簡單又有效的服用方法，是以乾製或新鮮的金盞花泡茶，待稍涼時直接飲用或加進食物裡。

金盞花茶（外用）

- 每 1 ～ 2g 的金盞花（乾燥的用 1g 就夠）以約 150ml 熱開水沖泡 5 ～ 10 分鐘。
- 可用棉花或紗布沾滿金盞花茶，然後外敷在受影響的皮膚上，或用來清洗傷口、作為洗眼液（請參 P.180）。每天使用 1 ～ 2 次，直到皮膚狀況康復為止。

金盞花茶（內用）

- 每 5 ～ 30g 的金盞花（乾燥的用 5g 就夠）以約 240ml 熱開水沖泡約 5 ～ 10 分鐘。待茶微溫時就可以給毛孩直接飲用或加進食物裡。
- 貓狗服用量：每 10 公斤體重，每日服用 60 ～ 120ml，最好分開 2 ～ 3 次餵服。

安全／注意事項

- 基本上金盞花是家家必備，無論外用內用都好用又安全的藥草（但若你的毛孩對菊科植物過敏，則不宜使用）。
- 有部分草藥師認為，因金盞花的葉和莖都含有非常少量對貓咪有毒性的水楊酸（花朵含量更輕微），不太適合給貓咪長期內服。短期內用或短期／長期外用的話則可以安心。
- 毛孩懷孕早期不建議內服。

Catnip
貓薄荷

學名：*Nepeta cataria*

註：中文俗稱貓薄荷、荊芥、貓草。
　（常與同被簡稱作「貓草」的小麥草弄混。）

使用部位

花朵、葉子、莖部（須在種籽出現前收割）

針對器官／身體部位

神經系統、消化系統

主要有效成分／營養特色

- 含揮發油，當中包括萜類物質「荊芥內脂」（Nepetalactone）、單寧酸等。
- 營養方面，含維生素 C 和 E、鎂、錳、類黃酮等。

主要功效

貓科動物的興奮劑

- 貓薄荷含有荊芥內脂（Nepetalactone），能仿效貓科動物的性信素／費洛蒙（pheromone），讓牠們聞到後出現各種興奮的反應（如拍打、在地上翻滾、流口水等），部分貓咪有可能會變得異常好勇鬥狠，情況就像人類喝醉酒一樣。
- 貓薄荷引致的興奮狀態，一般只會維持 5 ～ 15 分鐘左右，之後貓咪會恢復平靜，且比平常更放鬆。
- 跟人類的毒品或酒精不一樣，貓薄荷對貓咪無毒，而且不會讓牠們上癮。
- 不但貓咪對貓薄荷有反應，連大型貓科動物都會喔！

消除壓力

- 雖然貓薄荷能讓貓科動物興奮莫名，但其實興奮過後，還會讓牠們覺得放鬆，是種溫和的鎮靜劑。
- 貓薄荷不只對貓咪有效，也同樣有助於消除狗狗和人類的壓力並改善睡眠。
- 美國著名動物草藥師 Greg Tilford 認為，貓薄荷特別適合給容易因緊張過度而嘔吐的毛孩服用。
- 適合在以下情況發生前或進行中給毛孩服用：搬家、出外看獸醫、暈車、家裡有新成員加入或任何讓毛孩覺得緊張的情形。

幫助消化

- 貓薄荷能增進食慾、幫助消化與溫和消除貓狗因胃脹氣引起的不適。

驅蟲驅蚊

- 近年來有多項研究發現，貓薄荷內的荊芥內脂有非常良好的驅蟲效果，能有效驅趕蚊子、蒼蠅、蜱蟲、蟎蟲等。
- 美國愛荷華州立大學更發現，荊芥內脂的驅蚊效果是 DEET 的 10 倍，驅蟑螂效果更高達 100 倍！

> **毛孩使用方法**

新鮮／乾燥貓薄荷（直接使用）

- 可以將少量貓薄荷灑在貓咪的食物或飲用水上，鼓勵進食、多喝水；此方法也可在為貓咪轉換糧食時使用，以增添新食糧的吸引力；如貓狗毛孩有點脹氣或消化不良，同樣可以在食物裡加進貓薄荷。
- 將乾燥的貓薄荷灑在新買來的貓家具或抓板上，鼓勵貓咪使用。
- 若毛孩（尤其是貓咪）情緒緊張時（如出外就醫），可以在籠子或袋子裡灑點乾燥貓薄荷，一來可以有助減壓，二來避免暈車。

讓貓玩具變得更好玩

- 可將適量的乾燥貓薄荷放進舊襪子裡，做個環保的貓咪玩具。
- 可將適量的乾燥貓薄荷放進全新的茶包裡，然後將適量的「貓薄荷茶包」放進密

Catnip 貓薄荷

封盒子裡,當貓咪對某些玩具玩膩時,就可以將玩具放進這盒子裡放置幾天(越久越「入味」),讓玩具重新吸收貓薄荷的氣味,再次讓貓咪愛上。

驅趕害蟲的方法

- 可以由種籽開始種植貓薄荷,放在花園裡(也可以栽種在容易受蟲害的植物旁),既可驅趕各類害蟲,又能吸引貓咪。
- 可以用乾燥貓薄荷,配合其他有驅蟲功效的香草,依據 Part 5(P.217)的方法製作「香草醋噴劑」,噴灑在家裡每個需要驅蟲的角落。

安穩情緒的貓薄荷茶

- 每 5 ~ 30g 的貓薄荷(乾燥的用 5g 就夠)以約 240ml 熱開水沖泡 5 ~ 10 分鐘。
- 想加強紓緩情緒效果的話,可加進洋甘菊(Chamomile)一起沖泡,但只限狗狗。
- 預防暈車可加一片新鮮薑片一起沖泡。
- 貓狗服用量:每 10 公斤體重,每日服用 60 ~ 120ml,最好分開 2 ~ 3 次餵服。

安全/注意事項

- 無論對貓咪、狗狗或人類來說,適當的使用新鮮/乾燥貓薄荷葉、莖和花,基本上都是安全的。
- 由於其揮發油含量頗高,懷孕中的動物請酌量使用,以免揮發油從母體傳給胎兒。

其他

- 在遺傳基因影響下,有三分之一的貓咪對貓薄荷不會產生任何反應。
- 2 個月以下的幼貓或太年長的貓咪對貓薄荷也可能沒那麼著迷。
- 如貓咪太常接觸到貓薄荷,因對其耐受性已提高,所以相對的興奮度也會減低(就像有些人喝酒喝慣了,練成千杯不醉的功力一樣);若你希望貓咪每次都捧場,那就請至少隔 2 星期才給牠們享用一次貓薄荷吧!

Chamomile (German)
德國洋甘菊

 貓咪須謹慎使用！

學名：*Matricaria recutita/ Chamomilla recutita*

註：和羅馬洋甘菊（Roman Chamomile，學名 Anthemis nobilis）
　　非常相似，功效也幾乎相同。

使用部位
花

針對器官／身體部位
皮膚、體內外各黏膜組織、平滑肌（Smooth muscle）組織
消化系統、神經系統、肝臟

主要有效成分／營養特色
- 含維生素 B 群、維生素 C、膽鹼（Choline）等。
- 含有紅沒藥醇（α-bisabolol）及其相關倍半萜（Sesquiterpenes）、芹菜素（Apigenin）和其他類黃酮（Flavoniods）、甘菊環化合物（Azulene compounds）、母菊薁（Chamazulene）、揮發油、黏液質（mucilage）等。

主要功效

居家必備的萬用皮膚藥草
- 洋甘菊同時具有消炎、止癢抗敏、保濕、紓緩、鎮痛及溫和抗菌等功能，適用於多種外傷。
- 曾有實驗證明，洋甘菊軟膏在 161 位患有皮膚炎的病人身上所發揮的效用，不遜於類固醇軟膏。

Chamomile 德國洋甘菊

- 因含有紅沒藥醇（α-bisabolol）、甘菊環化合物（Azulene compounds）、母菊薁（Chamazulene）等具抗敏功效的成分，除了外用，內服洋甘菊也有助紓緩皮膚敏感。
- 有研究發現，被誘發痕癢的實驗鼠在服用乾燥洋甘菊 11 天後，皮膚痕癢程度有顯著性改善。
- 適用於各類表面傷口、蚊蟲叮咬引致痕癢／紅腫，尤其適用於因敏感而引起的濕疹、紅疹和皮膚炎。

紓緩各類黏膜炎症

- 由於洋甘菊含有黏液質（mucilage）及有顯著消炎抗敏兼滋潤等效用，所以特別適合用於對付表面和體內任何黏膜炎症，紓緩和加快消退炎症、消腫止痕。
- 可用洋甘菊茶洗淨毛孩眼睛（結膜炎、角膜炎／外傷）、鼻腔或口腔內外（包括牙齦炎）的傷口、潰瘍、突發敏感症或炎症。
- 由於我們與毛孩的呼吸道都是由黏膜組成，因此，有研究發現毛孩如吸入洋甘菊蒸氣／霧化洋甘菊精油，能有助紓緩感冒或其他原因所引致的上呼吸道不適（只限狗狗）。

有益消化系統

- 洋甘菊含有能減輕平滑肌抽搐的芹菜素（Apigenin），所以有助紓緩因緊張而導致的嘔吐或肚瀉，或突發性的腸胃不適或肚瀉。
- 另外，由於我們整個消化系統（包括食道、胃部和腸道）內壁都是由黏膜組成，一旦發生炎症或潰瘍，就可以找含有黏液質（mucilage）和多種有效抗炎成分的洋甘菊來幫忙，也適用於慢性腸胃病如炎症性腸病（IBD）。
- 有研究指出洋甘菊能促進膽汁分泌、消除脹氣、改善毛孩消化不良的症狀。
- 如發現毛孩（尤其是貪吃的狗狗）吃太多，或吃了不對勁的食物後，因消化不良而悶悶不樂時，給牠喝些洋甘菊茶應該會有幫助。

有助鎮靜減壓

- 洋甘菊是非常有名的天然鎮靜劑，有非常顯著的穩定情緒功效，有助過度興奮、緊張或具侵略性的毛孩穩定下來。
- 除了鎮靜，洋甘菊也能為毛孩消除壓力，讓牠們放鬆，也有助睡眠。

- 適用於容易緊張／具侵略性的毛孩，或要面對不安的毛孩（如搬家、有新成員加入、外出看獸醫等）、在收容所的毛孩們。

毛孩使用方法

- 對毛孩最簡單又有效的服用方法，是以乾製／新鮮洋甘菊泡茶，待稍涼時直接飲用或加進食物裡。

洋甘菊茶 （外用／內服）

- 每5～30g的洋甘菊（乾燥的用5g就夠）以約240ml熱開水浸泡約5～10分鐘，待稍涼後可給毛孩使用。
- 可以給毛孩直接飲用（加點蜂蜜更增添美味）或加進食物裡。
- 毛孩服用量：每10公斤體重，每日服用60～120ml，最好分開2～3次餵服。
- 外用方法1： 可用棉花或紗布沾滿洋甘菊茶，然後外敷在受影響的皮膚上，或用來清洗傷口、作為洗眼液。每天使用1～2次， 直到皮膚狀況康復為止。
- 外用方法2：讓毛孩吸入剛沖泡好的洋甘菊花茶所產生的蒸氣，紓緩感冒或氣管敏感所帶來的呼吸道不適；每天可進行2～3次，最好是在毛孩用餐前進行，呼吸道暢通了，胃口也就回來了。

安全／注意事項

- 基本上洋甘菊是家家必備、溫和萬用又安全的藥草（但若你的毛孩對豚草屬（Ragweed）或其他菊科植物會過敏的話，千萬不要使用，否則可能導致嚴重過敏反應）。
- 洋甘菊內含香豆素（Coumarin），有抗凝血作用，如毛孩正在服用薄血藥，有可能不適用；如毛孩有長期內服的習慣，請於動手術的2星期前停止服用（若只是偶爾服用的話則不需擔心）。
- 可能導致子宮收縮，不建議懷孕動物服用。
- 洋甘菊中的香豆素含量雖不算高，但部分草藥師仍建議若使用在貓咪身上，只供外用會比較安心。

Cinnamon
肉桂

  貓咪須謹慎使用！

學名：*Cinnamomum verum* 錫蘭肉桂

註：錫蘭肉桂是最常見且香氣最濃郁的肉桂品種，其他還有東南亞出產的
肉桂品種和中藥常用到的中國肉桂 *Cinnamomum cassia*。

使用部位

乾燥樹皮

針對器官／身體部位

消化系統

主要有效成分／營養特色

• 含豐富的錳（Manganese）、膳食纖維和鈣。
• 含揮發油、肉桂醛（Cinnamaldehyde）、肉桂酸（Cinnamic acid）、單寧酸
（Tannins）、肉桂新醇（Cinncassiols）和褪黑激素（Melatonin）等。

由中醫學角度看肉桂／桂皮

• 性味：辛、甘、溫。
• 如毛孩體質屬實熱、罹患熱症或陰虛火旺，就不適宜服用（或需要配合涼
性食材才可內服，詳情請諮詢中獸醫師）。
• 歸經：心、肺、膀胱經。
• 功效：發汗解肌，溫通經絡。
• 主治：風寒表証、前肢風濕、脾腎陽虛四肢腫、胃寒、散寒止痛、寒凝血滯。

暖和身體

- 中醫認為肉桂性味辛、溫,能溫通經絡,驅散體內停滯的寒氣。
- 如你家毛孩身體虛弱、年紀老邁或異常怕冷(冬天就算已穿了衣服還是一直打顫、手腳冰冷,或天氣一冷就全身關節僵硬走不動),天冷時,在牠們的食物或湯品中加入少許肉桂,能讓牠們的身體很快暖和起來。

有助腸胃虛寒帶來的各種症狀

- 由於肉桂具有散寒的特質,對於一些因為腸胃虛寒而引起的症狀,如有些貓狗會因吃了冰冷或寒涼(中醫角度)的食物後就出現胃腸脹氣,甚至肚瀉的情況;這時候給他們服用少許肉桂,就能驅散滯留在腸胃的寒氣,症狀就會好轉。
- 實驗發現肉桂裡的肉桂醛(Cinnamaldehyde),具有抗抽搐的功能,能減慢狗狗和實驗鼠的腸胃蠕動頻率,對因緊張過度而肚瀉的狗狗有紓緩作用。

抗菌、抗真菌

- 多項研究已證實,肉桂裡的活性成分,包括肉桂醛(Cinnamaldehyde),具有非常好的抗菌和抗真菌功效。
- 肉桂能抑制的害菌包括:金黃葡萄球菌、白色葡萄球菌、傷寒桿菌、常見皮膚病真菌、流感病毒、結核桿菌等。
- 在 D.I.Y. 毛孩的護理品或家居清潔劑時,我通常會加進少許肉桂,作為天然的抗菌劑(詳情請參考 Part 4、Part 5)。

有助降血糖、降血脂

- 肉桂能增加身體對胰島素的活躍度。
- 有人類實驗發現,二型糖尿病病人若每天使用 1g 肉桂,血糖就能降低 20%,連膽固醇、LDL(低密度脂蛋白膽固醇)和三酸甘油脂(Triglycerides)都一同降低了。
- 如體質合適(不屬於熱或陰虛),罹患糖尿病的狗狗日常飲食中也可以添些肉桂,有助病情。

Cinnamon 肉桂

毛孩使用方法

- 給狗狗服用,最簡單又有效的方法,是直接將已磨成粉狀的乾燥肉桂加進食物裡,用作香料,灑上少許即可。
- 若擔心市面上的肉桂粉開封後容易受潮,也可以選購肉桂棒,待需要用時才用刀刮出所需分量。
- 內服時請不要過量,每公斤體重,每天別超過 25 ~ 300mg。
- 可根據 Part 4、Part 5 的方法,分別用肉桂粉/肉桂棒親手製作具抗菌效果的毛孩保養品和家居清潔劑。

安全/注意事項

- 不適合長期服用。過量服用,可能會因過度刺激血管運動中樞(vasomotor centre)而導致高鐵血紅蛋白血症(methemoglobinemia)或腎炎等症狀。
- 如毛孩有以下狀況,則不建議服用肉桂:對肉桂敏感、懷孕、胃部/腸道潰瘍、發燒、被中獸醫診斷為「陰虛」。
- 肉桂內含香豆素(Coumarin),有抗凝血作用,如毛孩正在服用薄血藥,有可能不適用;考量其抗凝血效用,請於動手術的 2 星期前停止服用(但若只是偶爾服用的話則不需擔心)。
- 可能導致子宮收縮,不建議懷孕動物服用。
- 肉桂含有香豆素,若使用在貓咪身上,部分草藥師不太建議經常內服,也不建議貓咪內服經濃縮的肉桂萃取物。

Coriander (seeds)
Cilantro (leaves)
芫荽 (香菜)

學名：*Coriandrum sativum*

- -

使用部位
新鮮葉子和莖部、乾燥種籽

主要有效成分／營養特色
- 能提供非常豐富的維生素K、多種抗氧化物（維生素C、胡蘿蔔素、葉黃素等）和鈣。
- 含揮發油、類黃酮、芫荽醇（Linalool）、十二烯醛（Dodecenal）、多種酚類化合物等。

由中醫學角度看芫荽

- 性味：辛、溫。
- 如毛孩體質屬實熱或罹患熱症，就不太適宜服用（或需配合涼性食材才可內服，詳情請諮詢中獸醫師）。
- 歸經：肺、脾、胃。
- 功效：發汗透疹，開胃消食。
- 主治：食滯氣滯、消化不良、健胃、脘腹脹痛、感冒風寒、麻疹初起。

Coriander / Cilantro 芫荽

主要功效

幫助消化

- 芫荽有幫助消化的功效，能促進胃液分泌、消除胃腸脹氣和刺激食慾。
- 由於芫荽能同時改善消化和殺菌，因此有助消除口臭。
- 適合因吃太多或吃錯食物而消化不良、腸胃脹氣、沒胃口或有口臭問題的毛孩。

抗菌、抗真菌、防氧化

- 到目前為止，科學家已發現新鮮芫荽中至少含有 12 種抗菌成分，當中包括芫荽醇（Linalool）和十二烯醛（Dodecenal）。
- 曾有美國和墨西哥研究發現十二烯醛（Dodecenal）對抗沙門氏菌的功效是常用化學抗生素 Gentamicin 的兩倍！
- 除了沙門氏菌，多項研究也發現從芫荽萃取的原油、萃取物和精油都能有效對抗大腸桿菌、李斯特菌、金黃葡萄球菌和多種真菌。
- 抗菌以外，科學家也發現芫荽萃取物和精油都具有高效的抗氧化功能，甚至不遜於化學防腐劑 BHT，能有效延遲食物變壞，是天然的防腐劑。

降血糖、降血脂

- 研究發現，在糖尿病實驗鼠的食物中加入芫荽，牠們的血糖會因為胰島素分泌受刺激而降低。
- 另有研究發現當一些進食高脂、高膽固醇食物的實驗鼠進食芫荽後，血液裡的整體膽固醇和低密度脂蛋白（LDL）均降低，而有益的高密度脂蛋白（HDL）卻有所提升。也就是說，進食芫荽讓這些實驗鼠的心血管更健康。

抗氧化、排毒

- 芫荽含豐富抗氧化劑，本身已是種非常健康的 Super food。
- 有研究發現在實驗鼠身上，芫荽萃取物能有效保護肝臟免受氧化損傷，效果等同著名護肝藥物 Silymarin。
- 另有研究發現，芫荽能阻止重金屬鉛在實驗鼠身上累積；這啟發許多人認為芫荽具有強大的排毒功能，不過這樣的論述仍是言之過早，還需要更多實驗和時間去證明。

作為食用香草 (新鮮葉子/莖部均可)

- 在毛孩的正餐灑上少許剪碎的新鮮芫荽 (不需烹調),能為食物增添香氣,也能輕鬆為營養加分,還能幫助消化、消除口氣。
- 由於芫荽抗氧功效顯著,非常適合作為自製鮮食、零食裡的天然防腐劑 (如使用芫荽萃取物,只需要少許即可),讓食物更好保存。

芫荽健胃茶

- 如毛孩消化不良,胃腸脹氣,以乾燥芫荽籽沖泡的茶比新鮮芫荽能更快為毛孩消除脹氣。
- 每 1 ～ 2g 的乾燥芫荽籽以約 150ml 熱開水沖泡 5 ～ 10 分鐘,浸泡至茶微涼後可直接給毛孩飲用,或加進食物裡服用。分量隨意 (因安全度高),可分開每天 2 ～ 3 次餵服。

安全/注意事項

- 芫荽可算是安全性非常高的香草,但是從中醫角度看來,其屬於「溫」性食材,不太適合罹患「熱症」的毛孩服用;此外,沒有什麼需要特別注意的事項。

Dill
蒔蘿

學名：*Anethum graveolens*

使用部位

- 葉子、花（新鮮／乾燥）
- 種籽（乾燥）

針對器官／身體部位

消化系統

主要有效成分／營養特色

- 含非常豐富的鈣、維生素 C 和鉀，亦能提供膳食纖維、胡蘿蔔素、錳、鐵、鎂等營養素。
- 蒔蘿含有單萜類，如香芹酮（Carvone）、Anethofuran、檸檬烯（Limonene），還有豐富的類黃酮，如山奈酚（Kaempferol）和芹菜素（Vicenin）。

主要功效

幫助消化

- 蒔蘿（尤其是芳香成分比較高的蒔蘿籽）有助紓緩毛孩因消化不良引致的腸胃抽搐和消除脹氣。
- 在實驗鼠身上，蒔蘿籽能減少胃酸分泌，可預防因胃酸分泌過多導致的胃潰瘍。
- 適合消化不良（尤其是因轉換食物而導致的）、脹氣、胃酸分泌過多的毛孩。

預防癌症

- 蒔蘿含有多種抗氧化物，包括多種類黃酮水溶性類黃酮；其中一種芹菜素（Vicenin）在研究中能保護人類白血球結構及染色體，免受氧化及輻射破壞。

- 蒔蘿所含的單萜類（Monoterpenes）如香芹酮（Carvone）、Anethofuran、檸檬烯（Limonene），在實驗中被發現能活化具抗癌作用的酵素 Glutathione-S-transferase。
- 以上芳香物質讓蒔蘿被認為能對動物細胞提供化學保護，可中和某些致癌物質（如炭燒食物或二手菸）對細胞的傷害。

抗菌
- 研究發現，蒔蘿萃取物可有效對抗導致腸胃傳染病的沙門氏菌、大腸桿菌和志賀桿菌（Shigella）等。

其他
- 研究發現，至少在狗狗身上，蒔蘿有利尿的作用。
- 許多草藥師認為蒔蘿有催乳的功效。

毛孩使用方法

作為食用香草 （新鮮葉子／莖部均可）
- 在毛孩的正餐灑上少許剪碎的新鮮／乾燥蒔蘿，能為食物增添香氣，也能輕鬆為營養加分，還可幫助消化。

蒔蘿籽健胃茶
- 如毛孩消化不良、胃腸脹氣，以乾燥蒔蘿籽沖泡的茶能比新鮮蒔蘿更快為毛孩消除脹氣。
- 每 1 ～ 2g 的乾燥蒔蘿籽，以約 150ml 熱開水沖泡 5 ～ 10 分鐘，浸泡至茶微涼後可直接給毛孩飲用，或加進食物裡服用。分量隨意（因安全度高），可分開每天 2 ～ 3 次餵服。

安全／注意事項
- 如正常使用，蒔蘿可算是非常安全的香草。
- 非常少數的動物可能會在接觸蒔蘿後，出現暫時性過敏的情況。
- 懷孕動物請慎用。

Fennel
小茴香（甜茴香／球莖茴香）

 貓咪須謹慎使用！

學名：*Foeniculum vulgare*

使用部位

- 茴香籽（其實是茴香的果實）
- 葉子
- 根莖

針對器官／身體部位

消化系統

主要有效成分／營養特色

- 含非常豐富的維生素 C、維生素 A、鈣、鐵、鉀、銅、葉酸和膳食纖維等。
- 另含有揮發油、笨丙烷類（Phenylpropanoids）、酚酸（Phenolic acids）、類黃酮、呋喃（Furanocoumarins）、固定油（Fixed Oil）。

由中醫學角度看茴香

- 性味：辛、溫。
- 如毛孩體質屬實熱、罹患熱症或陰虛火旺，不適宜服用（或需要配合涼性食材才可內服，詳情請諮詢中獸醫師）。
- 歸經：肺、腎、脾、胃經。
- 功效：驅寒止痛、理氣和胃、祛痰。
- 主治：脾胃虛寒、寒傷腰胯（腰脊緊硬、冷拖後腳）。

主要功效

消除胃腸脹氣

- 雖然多種香草都有消除脹氣的功效，但每次我自己胃腸脹氣不舒服，首選還是泡一杯茴香籽茶，通常飲用後 10 分鐘內脹氣就會自動排出，輕鬆自在。
- 曾有實驗證明，動物在服用茴香茶後的 2 ～ 30 分鐘內，能有效減輕腸道蠕動的程度。
- 2003 年也有實驗證明茴香能有效紓緩嬰兒因腸脹氣而引起的腸絞痛。
- 茴香是有益消化的香草，除了有助消除脹氣，還能增進食慾和改善口氣。
- 因茴香同時有幫助消化、消除脹氣和對抗黏膜炎症的功效，所以也能紓緩患有炎症性腸病（IBD）毛孩的不適。

紓緩呼吸道

- 茴香腦（Anethole）是茴香揮發油裡的主要成分，它已被多次證實具有抗炎功效。
- 德國政府的「德國委員會 E」（German Commission E .）（它是國際草藥界的權威組織）認可茴香在上呼吸道黏膜炎的應用。

仿雌激素效應

- 茴香裡的茴香腦（Anethole）具仿雌激素效應，曾有實驗證實山羊在服用茴香油後產奶量增加；另外，茴香萃取物也曾在實驗鼠身上誘發月經，證明其仿雌激素功效。

Fennel 小茴香

- 給毛孩服用，最簡單又有效的方法是以乾製／新鮮茴香或茴香籽泡茶，待稍涼時直接飲用或加進食物裡。
- 乾燥茴香可當作料理香料，新鮮茴香也可以當作蔬菜入饌，成為美味的料理。

茴香籽茶（外用／內服）

- 每 5 ～ 30g 的茴香籽（乾燥的用 5g 就夠）以約 240ml 熱開水浸泡 10 ～ 15 分鐘，待稍涼後可給毛孩使用。可直接飲用或加進食物裡。
- 毛孩服用量：每 10 公斤體重，每日服用 60 ～ 120ml，最好分開 2 ～ 3 次餵服。

乾燥茴香（內服）

- 可直接加進食物裡。
- 毛孩服用量：每公斤體重，每日服用 25 ～ 300mg，最好分開 2 ～ 3 次餵服。

安全／注意事項

- 基本上食用新鮮茴香、利用茴香泡茶或用乾燥茴香做料理，都是安全的。
- 懷孕毛孩請慎用。
- 茴香籽較新鮮／乾燥茴香的葉子含有更多香豆素（Coumarin），雖然含量不算高，但部分草藥師建議若使用在貓咪身上，不太建議經常內服；也不建議貓咪內服經濃縮的茴香萃取物。而乾燥／新鮮茴香葉子若正常作為香料，少量應用在貓咪飲食中，則不用擔心。
- 若毛孩患有肝病，不建議服用大量茴香。
- 有非常少數的動物會對茴香產生接觸敏感，或服用後出現短暫的光敏性。

Garlic
大蒜

  狗狗須謹慎使用！

學名：*Allium sativum*

使用部位

鱗莖

針對器官／身體部位

免疫系統、心血管循環系統

主要有效成分／營養特色

- 含豐富的錳（Manganese）、維生素 B6、維生素 C、銅、硒、醣苷（glycosides）、果聚醣（fructans）等。
- 單單一瓣大蒜就含有超過一百種硫化合物（Sulphur compounds），各自都有自己的藥效成分，當中 4 大類硫化合物最為重要：
  ① 硫代硫酸鹽類（Thiosulfinates）：如大蒜素（Allicin）。
  ② 二氧化硫（Sulfoxides）：如蒜素（Alliin）。
  ③ 揮發性有機硫化合物（Volatile organosulfur compounds）：如二烯丙基硫化物（Diallyl sulfides）。
  ④ 水解性有機硫化合物（Water-soluble organosulfur compounds）：如蒜氨酸（S-allyl-L-cysteine）。

由中醫學角度看大蒜

- 性味：辛、溫。
- 歸經：脾、胃、肺經。
- 功效：去寒濕、暖脾胃、行滯氣、消炎解毒、促進消化、除風、殺蟲。
- 主治：感冒、咳嗽、飲食積滯、脘腹冷痛、泄瀉、殺蟲、因寄生蟲／病毒細菌引起的腹瀉或腸炎。

Garlic 大蒜

主要功效

大自然的超級殺菌劑

- 大蒜有高度殺菌和殺真菌效用，能有效抑制金黃色葡萄球菌、大腸桿菌、其他桿菌、念珠菌等滋長，而且效果不遜於傳統廣譜（Broad spectrum）抗生素，如四環素（Tetracycline）。
- 有別於傳統抗生素，大蒜在殺滅壞菌的同時並不會殺滅腸道內的益菌，也不會如許多化學抗生素般產生抗藥機轉。
- 大蒜裡面最主要的抗菌成分是大蒜素（Allicin），它存在於經壓碎／切碎的生大蒜裡，並容易受高溫、陽光或濕度破壞。所以，經煮熟或存放不當的大蒜，其實已喪失大部分殺菌作用。
- 要保存大蒜裡的大蒜素，最好把壓碎／切碎的生大蒜在 3 小時內使用完畢，或使用高品質的乾製大蒜粉。

增強免疫力／有助抗癌

- 在人類和動物實驗中都證明大蒜有提升自身免疫力的作用，大蒜能將愛滋病患者體內的自然殺手細胞（Natural Killer cells）活動量增加至 3 倍之多。
- 由於大蒜具有增強免疫力和強化肝臟功能的作用，它也有助於抑制多種癌細胞。
- 大蒜中的油解性有機硫化物，在試管實驗中也被證實能有效抑制犬隻乳腺癌細胞的生長。
- 罹患癌症的狗狗，日常飲食中不妨將大蒜納入抗癌保健品的其中一項；只要是未經加熱的大蒜都能保有其抗癌效用。

有助心血管健康

- 多項研究已證實，大蒜對心血管有多重效用，包括降血壓、降膽固醇和其他血脂、減少血小板凝聚和預防血栓症等。

預防／對抗寄生蟲

- 草藥師和許多整全獸醫師都認為，大蒜能預防或殺滅毛孩肚裡的寄生蟲，包括蛔蟲、勾蟲、梨形蟲等。

- 大蒜中能殺滅寄生蟲的有效成分是大蒜素，前文已提及過大蒜素容易受高溫、陽光和濕度破壞，所以一旦經過高溫或不當的處理，就會喪失殺滅寄生蟲的功能。
- 至於常吃大蒜的動物是否比較不受跳蚤或蚊子歡迎，這說法還存爭議，也還未有非常實在的證據。（不過如果你家狗狗因為其他健康原因而服用大蒜，不妨觀察並好好記錄，看看服用前後被蚊蟲叮咬的對比。）

毛孩使用方法（只限狗狗）

新鮮蒜茸

- 給狗狗服用，最簡單又有效的方法是將新鮮的大蒜磨茸／切碎，並盡量在 3 小時內食用，這樣裡面最強的活性成分大蒜素（Allicin）才得以有效保存，讓大蒜發揮強大的抗菌、殺滅寄生蟲和抗腫瘤作用（但大蒜的其他功效則未必需要依賴其 Allicin 的成分）。
- 新鮮蒜茸對體內外的黏膜具有非常強烈的刺激性，所以最好別直接接觸皮膚或直接食用，建議混進食物裡或先用油泡浸。
- 建議服用量：每 10 公斤體重的狗狗，每天不超過 1/2 瓣（約 1.5g）新鮮大蒜。（這是著名的澳洲整全獸醫師 Dr. Barbara Fougere 憑多年臨床經驗建議的）

大蒜油（外用／內服）

- 可加進食物裡讓毛孩食用，或塗抹在受細菌／真菌感染的皮膚上（千萬別用於眼睛／鼻孔）。
- 將 2 ～ 3 瓣新鮮大蒜壓碎，放進乾淨的玻璃瓶，然後倒進約 120ml 的橄欖油，再加入 1/4 茶匙的維生素 E 油（或將 2 顆 400 I.U. 的維生素 E 膠囊刺穿倒入）。
- 將瓶子蓋好，然後用力搖勻約 1 分鐘，放進冰箱靜待 1 小時後即可使用（可存放約 1 個月）。
- 大蒜油裡的大蒜素會於接觸空氣後的 3 ～ 24 小時消失，如果用作外塗或殺菌的話，需要在時限內使用；但若用作增強抵抗力和其他抗氧化作用，則無妨。
- 建議服用量：每 450g 食物裡加進 1/2 茶匙大蒜油。

Garlic 大蒜

大蒜粉

- 乾製的大蒜粉方便使用，只需直接加進毛孩的食物裡即可；且如果是優質並只經過低溫處理的話，有機會保存部分的大蒜素。
- 若服用大蒜的目的是為了增強抵抗力、抗衰老或降血脂的話，可選擇大蒜粉。
- 建議服用量：小型犬──每天不超過 50mg。
  - 中型犬──每天不超過 100mg。
  - 大型犬──每天不超過 200mg。

陳蒜／黑蒜

- 黑蒜美味可口，比新鮮大蒜更容易被毛孩接受，也不會對黏膜造成刺激，可以直接食用。
- 經長時間發酵，當中的大蒜素大多已消失，不能用作抗菌用途，但大蒜其他的功效黑蒜都具備。
- 建議服用量：每 10 公斤體重的狗狗，每天不超過半小瓣（約 1.5g）新鮮大蒜。（這是著名的澳洲整全獸醫師 Dr. Barbara Fougere 憑多年臨床經驗建議的）

安全／注意事項

- 對黏膜具相當刺激性，避免直接用於皮膚，尤其是眼睛和鼻子。
- 如消化道或胃部有發炎或潰瘍徵狀，請別服用大蒜（黑蒜除外）。
- 不適合正在授乳的動物服用。

- 所有蔥蒜類植物（Allium species）都含有二硫化物（disulphides），尤其是 N-propyl disulphide，如不當使用，會使貓狗血液裡的紅血球急速氧化，導致海恩小體溶血性貧血。
- 若毛孩因食用了過量含蔥蒜的食物而導致溶血性貧血，病徵可能會於食用後一天甚至數天後才出現。病徵包括：無精打采、全身乏力、嘔吐、牙齦蒼白、發燒、呼吸急促、小便呈啡紅色等。
- 在一般情況下，貓狗會於服用相等或超過牠們體重 × 0.5% 分量的蔥蒜後出現溶血性貧血（洋蔥比大蒜更危險）。
- 千萬別餵毛孩吃含有洋蔥的食物！至於用途多多的大蒜，請狗狗家長在不超過建議服用量的情況下慎用。
- 如想再安心點，可以偶爾或每星期只讓狗狗少量食用大蒜 3 ～ 4 次，而不是每天餵食。
- 如狗狗有定期食用大蒜的習慣，請定時帶去獸醫診所做血檢，留意各血液生化指標（blood parameters），尤其是紅血球（RBC）和其形態是否正常。

以下毛孩最好別碰大蒜（當然也包括所有蔥蒜類植物）

8 星期以下的幼犬和幼貓

幼貓幼犬要到 6 ～ 8 星期後才有能力自己製造紅血球，若在這之前使用大蒜，會很容易導致溶血性貧血。

貓咪

貓咪天生的血紅素（hemoglobin）結構較易氧化，牠們因進食蔥蒜而出現溶血性貧血的機率比狗狗高出 2 ～ 3 倍之多，因此不建議給貓咪服用大蒜。

秋田犬和柴犬

特定品種的狗狗，因為其紅血球細胞內的「還原型穀胱甘肽」（Reduced glutathione）和鉀離子含量高，較容易氧化，也因此較其他狗狗更容易因進食蔥蒜類植物後出現溶血性貧血。
若你家的毛孩屬這些品種，請在餵食大蒜／其他蔥蒜類植物前三思，可盡量避免，或餵食比建議分量減少 50%，又或者只是偶爾餵食，並密切觀察進食後幾天內的反應。

Ginger
薑

學名：*Zingiber officinale roscoe*

使用部位
根莖

針對器官／身體部位
消化系統、循環系統

主要有效成分／營養特色

- 營養方面不特別出色，但含有超過 477 種植化物，包括生薑醇（Gingerols）、薑烯酚（Shogoals）、薑酮（Zingerone）、薑烯（Zingiberene）、倍半萜類（Sesquiterpene）、揮發油等。

由中醫學角度看薑

- 性味：辛、溫。
- 如毛孩體質屬實熱、罹患熱症或陰虛火旺，就不適宜服用（或需配合涼性食材才可內服，詳情請諮詢中獸醫師）。
- 歸經：肺、脾、胃經。
- 功效：發汗解表、逐風濕痹、溫中止嘔。
- 主治：風寒感冒、溫肺止寒咳、風濕、胃寒嘔吐、抑制海鮮寒濕毒、寒凝血滯。

止嘔良藥、有益消化

- 中醫認為薑能「溫中止嘔」，可以暖胃，改善胃因寒氣入侵或吃太多冰冷食物後所引發的嘔吐、脹氣或肚瀉症狀；同時也具抗抽搐功能，能減慢胃腸蠕動頻率。
- 多項研究已證明，無論在人類或狗狗身上，薑都能有效紓緩因暈眩而引起的嘔吐，如暈車、暈船、妊娠嘔吐，以及因化療導致的嘔吐等。

暖和身體、促進發汗、加強循環

- 由於薑具有散寒並促進發汗的特質，如毛孩因天氣轉冷而感冒，服用薑能幫牠們暖和起來、發汗，加快痊癒。
- 若你家毛孩因年老體弱或久病體虛而怕冷、四肢不溫暖的話，在日常飲食中加入薑能讓牠們暖和，同時也會因血液循環改善而恢復元氣。

有效抗炎

- 薑具有一種抗炎功效非常顯著的活性成分生薑醇（Gingerols），俗稱「薑辣素」。
- 試管實驗發現，生薑醇有強效的抗氧化功能，能抑制強效自由基 Peroxynitrate 的形成，而自由基正是促進炎症的其中一個重要因素。
- 動物研究也發現生薑醇能減低動物體內自體產生的抗氧化物 ── 穀胱甘肽（Glutathione）的消耗，並同時抑制免疫系統所產生，並會誘導炎症的細胞激素（Cytokines）和趨化激素（Chemokines）。
- 無論是動物或人類實驗都證明薑能有效減輕激烈運動過後的肌肉痛；更有長達 12 個月的雙盲實驗發現，薑能有效減輕因退化性關節炎而引起的腫痛和行動不便，讓患者的關節恢復靈活。因此，薑對罹患長期炎症或關節炎的毛孩都很合適。

預防癌症

- 薑有高度抗氧化、抗炎，甚至抗腫瘤的功效，當中抗腫瘤最關鍵的成分是生薑醇（Gingerols）。
- 美國明尼蘇達大學在實驗鼠身上發現，薑不只能有效預防大腸癌，還能有效減緩大腸癌細胞轉移的速度；研究人員對當中的有效成分 (6)- gingerol 非常有信心，更已將其申請為抗腫瘤藥物。

Ginger 薑

- 美國密西根州大學也有研究發現，生薑醇能透過導引癌細胞凋亡和自體吞噬而滅殺卵巢癌細胞。
- 科學家也發現，比起一般化療藥物，利用薑或生薑醇來對抗癌症，能大大減低癌細胞產生抗藥性的機會。
- 如體質合適（不屬於「熱」或「陰虛」），在罹癌貓狗的日常飲食中建議加點薑，有助病情。

毛孩使用方法

生薑

- 最簡單又有效的服用方法，是直接將新鮮磨茸的薑非常少量的加進毛孩食物裡（尤其是吃生骨肉餐會肚瀉的毛孩）；或者在烹調鮮食時，加半片薑一起煮，煮好後薑可以拿掉。

薑粉

- 也可選擇乾燥的薑粉，薑粉的建議服用量是大概每公斤體重，每天進食不超過 15 ～ 200mg，最好分 2 ～ 3 次服用。

薑茶

- 每 5g 的生薑，用刀背拍扁後用大概 240ml 的熱開水煮約 15 ～ 20 分鐘，待稍涼後可給毛孩使用；希望味道更好的話，可加點蜂蜜或黑糖（只能吸引狗狗，因貓咪不嗜甜）。
- 可以給毛孩直接飲用或加進食物裡。
- 毛孩服用量：每 10 公斤體重，每日服用 60 ～ 120ml，最好分開 2 ～ 3 次餵服。

- 薑具非常強烈的溫熱效用,如毛孩已屬怕熱的體質,有可能不適合食用。

- 薑有抗凝血作用,如毛孩正在服用薄血藥,有可能不適用;若毛孩有長期內服的習慣,也因為其抗凝血效用,請於動手術的 2 星期前停止服用(若偶爾服用則不需擔心)。

- 由於薑有可能增加膽汁分泌,有膽結石的毛孩最好慎用。

- 薑的味道帶辛辣,許多毛孩(尤其是貓咪)不太能接受,最好只將少量混進美味的食物裡。

- 少數異常敏感的動物在接觸薑後,可能會出現過渡性的皮膚敏感。

Lavender
薰衣草

學名：*Lavandula angustifolia*（最常見）
Lavandula officinalis、*Lavandula spica*、*Lavandula vera*

使用部位

花

針對器官／身體部位

皮膚、神經系統、呼吸道、關節

主要有效成分／營養特色

- 薰衣草的主要有效成分都蘊藏在由花所提煉出的精油裡。
- 薰衣草精油含有多種植化物，如乙酸沈香酯（Linalyl acetate）、沈香醇（Linalool）、樟腦（Camphor）、羅勒烯（B-ocimene）、桉葉油醇（1,8-cineole）、單寧酸（Tannins）等。
- 純正的薰衣草精油應只含有少於 1% 的樟腦，如按正常比例稀釋後使用，對狗狗是安全的；貓咪則不建議使用任何精油。

主要功效

鎮靜情緒、紓緩壓力

- 作為芳香治療，薰衣草能有效穩定毛孩的情緒，適合恐慌、過度興奮、憂鬱，甚至有攻擊性的毛孩，幫助牠們安定下來。
- 2005 年曾有一實驗在動物拯救中心進行，分別是每天 4 小時用香薰擴散器分別擴散對照（使用組／不使用組），和 4 種精油對照（薰衣草、洋甘菊、迷迭香和

薄荷），看看每種精油對中心裡 55 隻狗狗所產生的影響。結果發現，當吸入薰衣草或洋甘菊精油後，狗狗明顯較安定，睡眠時間也明顯增長。

- 飲用薰衣草茶，同樣有鎮靜情緒的效果。
- 貓咪不能使用薰衣草精油，甚至是經擴散器也不建議（原因請參考 Part1），如要使用薰衣草的話，可以用鮮花／乾花／純露，或以貓薄荷（catnip）代替，同樣能讓貓咪心情變好。

抗菌

- 由於薰衣草有抗菌功效，所以很適合用於護理品甚至家居清潔劑；可參考 Part 4 & 5 的製作方法。
- 薰衣草有助感冒或上呼吸道感染的毛孩擴張呼吸道，讓呼吸更順暢，同時抑制病菌在呼吸道或肺部繁殖。

其他功效

- 薰衣草有輕微鎮痛的功效，適合用作緩解狗狗關節疼痛的按摩油。
- 薰衣草茶或薰衣草按摩油，可用於紓緩被昆蟲咬後的癢痛。

毛孩使用方法

- 最簡單而且對貓咪又安全的方法，就是在家裡毛孩休息的地方附近擺放乾燥的薰衣草，讓薰衣草香淡淡的散發出來，無論人或毛孩的情緒都能感到安穩。

薰衣草茶（內用／外用）

- 每 5～30g 的薰衣草（乾燥的用 5g 就夠）用大概 240ml 熱開水沖泡 5～10 分鐘。待茶微溫時，就可以給毛孩直接飲用或加進食物裡。
- 貓狗服用量：每 10 公斤體重，每日服用 60～120ml，最好分開 2～3 次餵服。
- 可外敷在被蚊蟲叮咬的傷口，具鎮靜皮膚、抗菌消炎、紓緩癢痛等功效。

薰衣草按摩油（只供狗狗外用）

- 每 10ml 的基礎油（可選橄欖油／杏仁油）裡加進 2～4 滴的薰衣草精油。
- 可紓緩狗狗關節疼痛或僵硬，也可塗於被蚊蟲叮咬的皮膚上。

Lavender 薰衣草

吸入型薰衣草蒸氣

- 在 500 ～ 700ml 剛煮開的開水中，加進 2 ～ 4 滴的薰衣草精油，然後讓狗狗慢慢吸入釋出的薰衣草蒸氣，有助紓緩上呼吸道不適（貓咪的話，請別用精油，改用上述泡薰衣草茶的方法，再給貓咪吸入蒸氣即可）。
- 若家裡只有狗狗沒有貓咪的話，也可以選擇使用精油擴散器，將稀釋的薰衣草精油擴散到整個生活空間，狗狗和家人都可以吸入。

安全／注意事項

- 絕不可以讓毛孩接觸或使用未經稀釋的精油，可能會灼傷皮膚。
- 為避免毛孩中毒，請別讓毛孩口服精油。
- 若家裡有貓咪，請別讓他們使用精油，也別在他們的生活環境中使用精油擴散器，避免他們吸入精油分子（原因在 Part 1 已提及）。
- 某些人或動物在吸入或接觸薰衣草後，可能會出現暈眩、嘔吐、頭痛等不適症狀。若過量使用，則可能導致便秘、胃口欠佳、暈眩等。

Lemon Balm
檸檬香蜂草

學名：*Melissa officinalis*

使用部位

葉子

針對器官／身體部位

皮膚、神經系統

主要有效成分／營養特色

● 含有揮發油（單萜烯、倍半萜烯等）、氫氧基肉桂酸（Hydroxycinnamic acids）、類黃酮、單寧酸、樹脂、酸性三萜類（Acidic troterpenes）等。

主要功效

抗菌、抗真菌

● 多項研究發現，含有 1% 濃度的檸檬香蜂草萃取物乳霜，能有效促進因皰疹病毒而導致皮膚損傷的癒合。

● 因檸檬香蜂草除了抗菌還有抗真菌的功效，如毛孩患上難纏的金錢癬，可以在患處塗上檸檬香蜂草乳霜，或者用檸檬香蜂草泡的茶來清洗患處。

● 若貓咪因皰疹病毒而眼睛受感染，也可以用沾上檸檬香蜂草茶的棉紗輕拭眼睛。

改善情緒和記憶力

● 研究證明檸檬香蜂草有助嚴重失智症的病患穩定情緒、減少躁動，甚至改善記憶力。

Lemon Balm 檸檬香蜂草

- 家裡若有年老毛孩疑患上失智症，也可試試在日常飲食中加添檸檬香蜂草；家裡只有狗狗的話，可考慮在擴香器裡按比例放進已稀釋的檸檬香蜂草精油，作為芳香療法。

其他效用

- 檸檬香蜂草的芳香或許有助驅蟲，所以大家也可以考慮在 Part 4 & 5 裡的 D.I.Y. 毛孩護理品或家居清潔劑裡加進檸檬香蜂草。

> 毛孩使用方法

- 對毛孩最簡單又有效的服用方法是以乾製／新鮮檸檬香蜂草泡茶，待稍涼時直接飲用或加進食物裡。

檸檬香蜂草茶（外用／內服）

- 每 5 ～ 30g 的檸檬香蜂草（乾燥的用 5g 就夠）用大概 240ml 熱開水浸泡約 5 ～ 10 分鐘，待稍涼後可給毛孩使用。
- 想讓風味更好的話，可以加進少許蜂蜜，狗狗會更喜歡。
- 可以給毛孩直接飲用或加進食物裡。
- 毛孩服用量：每 10 公斤體重，每日服用 60 ～ 120ml，最好分開 2 ～ 3 次餵服。外用的話，每天可使用 3 ～ 4 次。

乾燥檸檬香蜂草（內服）

- 可直接加進食物裡。
- 毛孩服用量：每公斤體重，每日服用 25 ～ 300mg，最好分開 2 ～ 3 次餵服。

> 安全／注意事項

- 基本上無論外用或內服，檸檬香蜂草都是非常安全的，貓狗都可以放心享用。

Oregano
奧勒岡（牛至）

學名：*Oreganum vulgare*

使用部位

葉子

主要有效成分／營養特色

- 含豐富維生素 K、錳、鐵質、膳食纖維和鈣等。
- 含有揮發油，當中的有效成分包括百里香酚（Thymol）、香芹酚（Carvacrol）、迷迭香酸（Rosmarinic acid）等。

主要功效

抗菌、抗真菌

- 奧勒岡所含有的百里香酚（Thymol）和香芹酚（Carvacrol）等都已被證實具有抗菌和抗真菌的功效，能有效抑制大腸桿菌、葡萄球菌、幽門螺旋菌等。
- 奧勒岡也被發現能有效抑制霉菌穀類在加工食品中滋長。

抗氧化

- 研究發現奧勒岡中的多種植物營養素（phytonutrients）如百里香酚（Thymol）和迷迭香酸（Rosmarinic acid）具高度抗氧化功效，能有效防止細胞因氧化而受破壞。
- 若以每克的重量計算，奧勒岡比蘋果的抗氧化功能高出 42 倍，比藍莓高出 4 倍。

Oregano 奧勒岡

- 由於其抗氧化能力非常好，奧勒岡比某些常用的化學防腐（如 BHT 和 BHA）更能防止食物變壞。

其他效用

- 在墨西哥曾有研究指出，奧勒岡比傳統西藥更能有效對抗導致動物腸胃不適的梨型蟲（Giardia）。

毛孩使用方法

- 給毛孩服用，最簡單又有效的方法是以乾製／新鮮奧勒岡直接加進食物裡，或用作烹調鮮食的香料，既能增添風味，又為健康加分，還能當作食物的天然防腐劑。

安全／注意事項

- 基本上若用作烹調香料添加在毛孩的日常飲食中，奧勒岡可算是種安全的香草。
- 若過量使用，奧勒岡可能會刺激子宮，所以懷孕中的動物請慎用。

Parsley
巴西里（義大利香芹／歐芹）

學名：*Petroselinum crispum*

使用部位

- 葉子
- 根莖（根部最具藥效）
- 果實（看來像種籽）

針對器官／身體部位

關節、消化系統、 泌尿系統

主要有效成分／營養特色

- 巴西里是種營養異常豐富的香草，含豐富的維生素 C、維生素 A、維生素 B1、維生素 B2、維生素 B3、鈣、鐵、鉀、銅、鋅、鎂、葉酸和膳食纖維等。
- 另含有多種類黃酮、單寧酸、揮發油、芹菜腦（Apiol）、肉荳蔻醚（Myristicin）、香柑內脂（Bergapten）、檸檬烯（Limonene）等。

主要功效

改善消化、改善胃酸過多

- 曾有實驗證明巴西里能有效減少胃酸分泌，保護胃壁，對於胃酸分泌過多或有胃潰瘍或瘜肉的毛孩都很有幫助。
- 巴西里也有改善整體消化的功效，能緩解腸胃脹氣及口臭問題。

紓緩關節炎

- 因巴西里含非常豐富的維生素 C，因此能有助抗炎，並有助膠原再生，很適合患有關節炎的毛孩日常食用。

Parsley 巴西里

利尿效用

- 研究證明巴西里有非常顯著的利尿作用，對患尿道炎或排尿困難的毛孩有幫助。
- 針對利尿效果，最有效的是採用巴西里根部泡茶（不論新鮮／乾燥的巴西里都有幫助）。

其他

- 巴西里有助穩定血糖，對罹患糖尿病的毛孩有幫助。
- 許多草藥師相信營養豐富的巴西里能將體內毒素排出，有助潔淨血液。

毛孩使用方法

- 乾燥巴西里可當作料理香料，新鮮巴西里也可以當作蔬菜入饌，成為營養滿分的料理。
- 以乾製／新鮮巴西里泡茶，待稍涼時直接飲用或加進食物裡。

新鮮巴西里（內服）

- 剪碎／切碎，不用烹調，直接灑在毛孩的食物裡。
- 建議服用量：每 5 公斤體重，每天可食用約 1 茶匙。

乾燥巴西里（內服）

- 可直接加進食物裡。
- 毛孩服用量：每公斤體重，每日服用 25 ～ 500mg，最好分開 2 ～ 3 次餵服。

巴西里茶（內服）

- 每 5 ～ 30g 的巴西里／巴西里果實（乾燥的用 5g 就夠）用大概 240ml 熱開水浸泡約 5 ～ 10 分鐘，待稍涼後可給毛孩使用，直接飲用或加進食物裡都可以。
- 毛孩服用量：每 10 公斤體重，每日服用 60 ～ 120ml，最好分開 2 ～ 3 次餵服。

安全／注意事項

- 基本上食用新鮮或乾製巴西里，對人類和毛孩都是安全的。
- 懷孕動物或罹患腎炎的毛孩請慎用。
- 巴西里裡的芹菜腦（Apiol）和肉荳蔻醚（Myristicin）若被分離純化並大量服用，可能會導致流產、心律不整或癱瘓。

Peppermint
薄荷

 貓咪須謹慎使用！

學名：*Mentha piperita*

使用部位

葉子

針對器官／身體部位

消化系統、上呼吸道

主要有效成分／營養特色

- 含豐富的維生素 C、銅、錳等。
- 另含有類黃酮、單寧酸、生物胺（Biogenic amines）、迷迭香酸（Rosmarinic acid）、揮發油、薄荷醇（Menthol）、薄荷酮（Menthone）、三萜類（Triterpenes）、香豆素（Coumarins）等。

由中醫學角度看薄荷

- 性味：辛、涼。
- 歸經：肺、肝經。
- 功效：驅風、發汗解熱、透疹解毒、清新明目、止癢、疏肝解鬱。
- 主治：感冒發熱（無汗）、頭痛、目赤、咽喉／牙肉腫痛、濕疹、風疹、肚瀉。

Peppermint　薄荷

主要功效

改善消化

- 薄荷葉有消除脹氣的功效，能紓緩消化不良和消除口臭。
- 實驗證明，薄荷有局部鎮靜和止痛的功效，也可減輕腸道蠕動的程度，因此能紓緩患有炎症性腸病（IBD）毛孩的不適。

紓緩暈眩

- 薄荷提神的香氣，能紓緩因暈車／暈船而導致的暈眩、嘔吐。
- 如果毛孩容易暈車／暈船的話，建議可以在旅程開始前先喝一點薄荷茶（可配合薑片一起沖泡，效果會加強），又或者準備少許新鮮／乾燥的薄荷，讓毛孩在中途聞一下，或直接放進口中。

紓緩上呼吸道感染／不適

- 實驗證明不論人類或貓狗，若吸入薄荷裡的薄荷醇（Menthol），能讓堵塞的呼吸道再暢通。這對感冒中因聞不到食物香氣而食慾不振的毛孩很有幫助。在毛孩用餐前先泡一杯薄荷茶，讓毛孩吸入泡茶時所釋出的薄荷蒸氣，趁剛吸入蒸氣而呼吸暢通的時候將暖暖的食物遞上，便能吸引感冒中的毛孩進食。
- 薄荷也有紓緩咳嗽的功效。
- 薄荷葉裡的迷迭香酸（Rosmarinic acid）有殺菌、抑制炎症的作用，所以有助罹患哮喘的毛孩保持呼吸暢通。

- 給毛孩服用，最簡單又有效的方法是以乾製／新鮮薄荷葉泡茶，待稍涼時直接飲用或加進食物裡，也可供外用。
- 新鮮薄荷也可以入饌，成為清新的料理。

薄荷茶（外用／內服）

- 每 5 ～ 30g 的薄荷葉（乾燥的用 5g 就夠）用大概 240ml 熱開水浸泡約 5 ～ 10 分鐘，待稍涼後可給毛孩使用，可以直接飲用或加進食物裡。
- 在浸泡的過程中，也可讓毛孩吸入蒸氣，紓緩呼吸道不適，讓呼吸恢復暢通；建議每天 2 ～ 3 次，每次最好在餵食前進行。
- 以化妝棉沾滿薄荷茶，外敷在皮膚患處（因出疹或蚊叮蟲咬而痕癢），有助止痕癢止痛和殺菌。
- 毛孩服用量：每 10 公斤體重，每日服用 60 ～ 120ml，最好分開 2 ～ 3 次餵服。

乾燥薄荷（內服）

- 可直接加進食物裡。
- 毛孩服用量：每公斤體重每日服用 25 ～ 300mg，最好分開 2 ～ 3 次餵服。

- 基本上食用新鮮／乾燥薄荷葉都是安全的。
- 有以下狀況的毛孩不適合食用薄荷：膽管堵塞、膽囊發炎、嚴重肝病、胃食道逆流（胃酸倒流）。
- 新鮮／乾燥薄荷含少量香豆素（Coumarin），部分草藥師認為若使用在貓咪身上，不太建議經常內服；也不建議貓咪內服經濃縮的薄荷萃取物，更千萬別給貓咪使用或吸入薄荷精油。
- 乾燥／新鮮薄荷葉若正常作為香料或泡茶少量應用，貓咪也可以使用。

Rose
玫瑰

學名：*Rosa spp.*

使用部位

- 花
- 葉子
- 果實（Rosehip）
- 莖部和樹皮（居家比較少用到，但這兩部分的收斂功效最強）

針對器官／身體部位

皮膚、情緒

主要有效成分／營養特色

- 玫瑰花含有酚酸（Phenolic acids）、類黃酮（Flavonoids）、單寧酸（Tannin）、胡蘿蔔素、多醣（Polysaccharide）等。
- 玫瑰果（Rosehip）含有非常豐富的抗氧化物，包括維生素 C、維生素 A、維生素 E、維生素 K、錳（Manganese）、鈣和膳食纖維等。

由中醫學角度看玫瑰

- 性味：甘、微苦、溫。
- 如毛孩體質屬實熱、罹患熱症或陰虛火旺，就不適宜服用（或需要配合涼性食材才可內服，詳情請諮詢中獸醫師）。
- 歸經：肝、脾經。
- 功效：行氣活血、疏肝解鬱、保護胃腸、消除疲勞。
- 主治：血液循環不良、緩和情緒、紓解因情緒問題引起的胃氣或消化問題（例如沒胃口）。

滋潤皮膚、殺菌消炎

- 玫瑰花瓣具溫和至中度的收斂性，也有非常顯著的保濕和殺菌消炎功效，所以非常適合用於毛孩乾燥、痕癢、紅腫或敏感的皮膚（可用玫瑰花／玫瑰葉茶或玫瑰醋外敷）。
- 如毛孩因環境因素而眼睛有輕微紅腫或發炎，可以玫瑰花茶為洗眼液，有助殺菌紓緩。

改善情緒

- 玫瑰花的迷人芳香有助中樞神經穩定情緒，讓容易受驚的動物放輕鬆。
- 依據中醫的觀點，玫瑰也有所謂「疏肝解鬱」的功效，有助紓解憂鬱的情緒。

預防蜱蟲

- 有研究指出，玫瑰天竺葵（Rose Geranium）裡的一種倍半萜烯類化合物（sesquiterpene）10-epi-y-eudesmol 能有效驅趕惱人的蜱蟲。
- 未必所有毛孩都喜歡玫瑰的香味，有草藥師曾笑言他的狗狗寧願在牛糞上打滾，都不願身上有任何玫瑰的味道。

其他

- 玫瑰果（Rosehip）含非常豐富的維生素 C 和其他抗氧化物，是非常健康的營養食物，對皮膚和關節炎都有幫助，而且也蠻受狗狗們歡迎；毛孩可享用新鮮／乾燥的玫瑰果，乾燥的可先用磨豆器磨成粉，才加進食物裡。
- 玫瑰果油（壓榨油，不是精油）有助加快皮膚傷口癒合，也可加進毛孩的護理品裡，讓毛髮更滋潤、順滑。

玫瑰花茶（外用／內服）

- 每 5g（乾燥）／ 15g（新鮮）的玫瑰花用大概 240ml 熱開水浸泡 5 ～ 10 分鐘，待稍涼後可給毛孩使用。希望味道更好的話，可加點蜂蜜或黑糖（只能吸引狗狗，因貓咪不嗜甜）。
- 可以給毛孩直接飲用或加進食物裡。
- 毛孩服用量：每 10 公斤體重，每日服用 60 ～ 120ml，最好分開 2 ～ 3 次餵服。
- 也可作為洗眼液或外敷在皮膚患處。

Rose 玫瑰

玫瑰花醋（外用）

- 在一個乾淨且完全乾燥的玻璃瓶子裡放滿玫瑰花瓣（若是乾燥玫瑰的話，半滿即可），然後將白醋／蘋果醋倒滿，緊緊蓋好瓶蓋。剛開始幾天，可以不時檢查，把瓶子倒轉朝下，以確保所有花瓣都浸在醋液裡；如有需要可以再添加點醋。2 ～ 4 星期後就可以使用。
- 可以直接使用或經過稀釋（1 份玫瑰花醋：4 份水），作為皮膚消毒液或止痕液，但千萬別用於眼睛。
- 也可以當作護髮液（1 份玫瑰花醋：4 份水），在毛孩洗完澡用，讓毛髮更加滋潤順滑，使用後不必沖水。

玫瑰果（Rosehip）

- 玫瑰果含非常豐富的維生素 C 和其他抗氧化物，所以是非常健康的營養品，無論新鮮或乾燥的玫瑰果都適合給毛孩食用，直接加進食物即可。
- 乾燥的可先用磨豆器磨成粉，再加進食物裡。
- 貓狗建議服用量：每 10 公斤體重，每天 1/2 ～ 1 茶匙乾燥玫瑰果粉（若用新鮮玫瑰果，分量可以多 3 倍）。
- 服用過量雖然無毒，卻有可能導致腸胃不適和腹瀉。

防蜱噴霧（適合狗狗外用）

- 在噴壺裡倒進 240ml 的蒸餾水，再加入 30ml 金鏤梅（Witch hazel）和 20 滴玫瑰天竺葵（Rose Geranium）精油，搖勻即可。
- 外出前噴在狗狗全身的毛髮上。

> **安全／注意事項**

- 不適合持續每天長期食用（中醫認為這樣會讓氣血運行過快）。
- 如毛孩有便秘的情況，最好暫時別食用玫瑰。
- 不適合熱性體質。
- 由於玫瑰果含非常豐富的維生素 C，如一次性大量服用，有可能會導致毛孩腹瀉。

Rosemary
迷迭香

學名：*Rosemarinus officinalis*

使用部位

- 葉子
- 花
- 根莖

針對器官／身體部位

神經系統、消化系統、循環系統

主要有效成分／營養特色

- 提供維生素 C、維生素 A、鈣、鐵、錳（Manganese）等。
- 另含迷迭香酸（Rosmarinic acid）、鼠尾草酸（Carnosic acid）、桉油醇（Cineol）、龍腦（Borneol）、茨烯（Campene）、乙酸龍腦酯（Bornyl acetate）、蒎烯（-pinene）等。

主要功效

改善腦力／專注力

- 實驗證明，迷迭香能增加頭部（包括腦部）的血液流量，增進腦部血液循環，從而改善記憶力，所以被視為能改善失智症。
- 多項研究發現，迷迭香獨特的芳香能有效改善人類的專注力、記憶力、思考速度和準確度。

Rosemary 迷迭香

- 迷迭香中的鼠尾草酸（Carnosic acid）能為腦部細胞對抗自由基，保護它們不受破壞，也因此有助維護記憶力（對於曾中風的病患尤其顯著）。
- 陸續有研究指出迷迭香有助減緩腦部老化，但是否真的能有效預防失智症或腦退化，有待進一步查證；但對於年老或已罹患失智症的毛孩來説，在日常飲食中添加迷迭香仍是不錯的保健良方。

抗菌消炎
- 迷迭香含有多種具消炎殺菌的植化物，能有效對抗葡萄球菌、大腸桿菌和多種真菌等。
- 如毛孩皮膚受細菌或真菌感染，情況不太嚴重的話，迷迭香茶可用作外敷，為毛孩清洗或消毒患處；另外，也可用於其他不嚴重的外傷。
- 若毛孩口腔或喉嚨發炎，或罹患尿道炎時，也可內服迷迭香茶。

抗腫瘤
- 有研究證明，迷迭香萃取精華能減慢人類血癌和乳癌細胞的生長速度。
- 亦有研究發現，迷迭香萃取精華能有效阻止卵巢癌細胞株的擴散。

天然食物防腐劑
- 迷迭香有多種抗菌抗氧化的活性成分，也因此能有效減緩食物變壞的速度，防腐功效甚至不遜於常用但對健康有害的化學防腐劑，如 BHA / BHT。
- 每 450g 的鮮食加入 1/4 茶匙的乾燥迷迭香，有利食物保存，避免細菌過度繁殖。

其他
- 迷迭香強烈的芳香也能有效驅走蚊蟲。
- 如毛孩有輕微脹氣的狀況，內服迷迭香能有助於紓緩。

- 新鮮或乾燥迷迭香均可當作料理香料，也可直接少量加進毛孩的食物裡。
- 以乾製／新鮮迷迭香泡茶，待稍涼時直接飲用或加進食物裡。

迷迭香茶（內服／外用）

- 每 5 ～ 30g 的迷迭香（乾燥的用 5g 就夠）用大概 240ml 熱開水浸泡約 10 ～ 15 分鐘，待稍涼後給毛孩使用，可直接飲用或加進食物裡。
- 毛孩服用量：每 10 公斤體重，每日服用 60 ～ 120ml，最好分開 2 ～ 3 次餵服。

安全／注意事項

- 迷迭香（新鮮／乾燥）被美國食物及藥物管理局（FDA）評定為安全食用食材。
- 懷孕動物不適合使用（高劑量可能會導致流產）。
- 患有癲癇的毛孩不適合使用。
- 迷迭香精油是非常濃郁且強烈的，如要使用，請儘量非常少量的慎用（貓咪千萬不可使用精油），過量使用會過度刺激神經系統。
- 如毛孩正服用抗凝血藥、血管加壓素轉換酶抑制劑（ACE inhibitors）或利尿劑，可能會與迷迭香產生交互作用，最好暫停服用迷迭香。

Sage
鼠尾草

學名：*Salvia officinalis*

使用部位

葉子

針對器官／身體部位

腦部、皮膚、消化系統

主要有效成分／營養特色

- 含非常豐富的維生素 K。
- 另含有揮發油：側柏酮（Thujone）、蒎烯（Pinene）；類黃酮：芹菜素（Apigenin）、香葉木素（Diosmetin）、木犀草素（Luteolin）；酚酸（Phenolic acids）：迷迭香酸（Rosmarinic acid）、鼠尾草酸（Carnosic acid）等。

由中醫學角度看中國鼠尾草（又名丹蔘，即 *Salvia miltiorrhiza*）

- 性味：苦、微寒。
- 歸經：心、肝經。
- 功效：活血去瘀、通經止痛、清熱涼血。
- 主治：氣血瘀滯、跌打損傷、瘡瘍腫毒、養血安神、清心除煩。

抗菌消毒

- 鼠尾草裡的側柏酮（Thujone）已被證實為高效抗菌劑，能有效對抗大腸桿菌、沙門氏菌、宋內氏志賀菌和多種真菌。
- 內服鼠尾草茶能安全並有效對抗導致口腔、喉嚨和消化道不適／感染的細菌或真菌。
- 若毛孩的皮膚受到細菌或真菌感染，也可以用鼠尾草茶洗滌患處或用作外敷。
- 如毛孩患上難纏的金錢癬（Ringworm），可每天用鼠尾草茶為毛孩泡澡1～2次，直到情況好轉，再轉用作局部洗滌和外敷。

抗氧化、抗炎

- 鼠尾草含豐富的抗氧化物如抗氧化酶，包括 Superoxide dismutase（簡稱 SOD）、過氧化物酶（peroxidase）、類黃酮、酚酸等，都能相互協同，有效保護體內細胞免受氧化損害。
- 鼠尾草抗氧能力非常好，甚至曾在試管測試中被發現能殺死人類前列腺癌細胞和大腸癌細胞。
- 鼠尾草有很好的抗炎功能，對罹患炎症疾病（如關節炎、哮喘等）的毛孩都有益處。

增強記憶力

- 和迷迭香相似，不同品種的鼠尾草，包括 Salvia officinalis、Salvia Lavandulaefolia（西班牙鼠尾草）和 Salvia miltiorrhiza（丹蔘／中國鼠尾草）等，均在多項實驗中證明能有助記憶力、認知能力、警覺性和平衡情緒等，而且沒有負面副作用。
- 對患上初期至中度程度失智症的毛孩都有幫助。

其他

- 鼠尾草也有紓緩胃腸脹氣的效用。

Sage 鼠尾草

毛孩使用方法

- 給毛孩服用，最簡單又有效的方法是以乾製／新鮮鼠尾草泡茶，待稍涼時直接飲用或加進食物裡。
- 新鮮／乾燥鼠尾草可當作料理香料，為毛孩的鮮食增添風味。

鼠尾草茶（外用／內服）

- 每 5 ～ 30g 的鼠尾草（乾燥的用 5g 就夠）用大概 240ml 熱開水浸泡約 10 ～ 15 分鐘，待稍涼後給毛孩使用，可直接飲用或加進食物裡。
- 毛孩服用量：每 10 公斤體重，每日服用 60 ～ 120ml，最好分開 2 ～ 3 次餵服。

乾燥鼠尾草（內服）

- 可直接加進食物裡。
- 毛孩服用量：每公斤體重，每日服用 25 ～ 200mg，最好分開 2 ～ 3 次餵服。
- 新鮮鼠尾草的服用量可以多 3 倍。

安全／注意事項

- 懷孕或授乳中的毛孩不適合服用。
- 和迷迭香一樣，患有癲癇症的毛孩請慎用。
- 可能會與降血糖藥和抗癲癇藥產生交互作用。
- 若長期並大量使用，鼠尾草裡的側柏酮（Thujone）可能會毒害神經；若打算長期使用，不含側柏酮的西班牙鼠尾草 Salvia lavandulaefolia 會是更安全的選擇。

Thyme
百里香

學名：*Thymus vulgaris*

使用部位

- 葉子
- 花
- 根莖

針對器官／身體部位

消化系統、呼吸道

主要有效成分／營養特色

- 提供豐富的維生素 C，另有維生素 A、鐵、錳（Manganese）、銅和膳食纖維等。
- 含有多種類黃酮，如芹菜素（Apigenin）、柚皮素（Naringenin）、木犀草素（Luteolin）、百里香素（Thymonin）；另含多種揮發油成分，如百里香酚（Thymol）、香芹酚（Carvacolo）、龍腦（Borneol）、香葉醇（Geraniol）等。

主要功效

紓緩呼吸道不適、咳嗽

- 百里香能有效止嗽，特別是因細菌／真菌導致的咳嗽和呼吸道感染。
- 由於百里香也有抗抽搐功效，所以也能紓緩毛孩哮喘發作時引起的氣管抽搐，減輕不適。

Thyme 百里香

抗菌消炎

- 百里香含有多種具消炎殺菌的植化物,被證實能有效對抗志賀氏菌、葡萄球菌、大腸桿菌和多種真菌等。
- 百里香含百里香酚(Thymol),是非常有效的口腔和喉嚨殺菌劑。
- 如毛孩牙肉紅腫或發炎,可用棉棒沾滿百里香茶,然後直接塗抹在牙肉,有助消炎殺菌。

有益腸胃

- 百里香能有助紓緩脹氣。
- 若毛孩有大腸炎或發炎性腸道疾病(IBD),在牠們日常飲食中不時加進百里香也有助紓緩病情,因百里香不但有抗菌消炎的功效,還能減輕腸道痙攣的程度。

抗氧化

- 百里香含豐富的抗氧化物,如多種類黃酮和維生素 C。
- 有研究發現,在實驗鼠的食物裡添加百里香一段時間後,牠們體內的良性脂肪組織比例(如腦部的 DHA 和包裹腎臟和心臟的細胞膜)都得以受到保護,並有所提升。

天然食物防腐劑

- 百里香有多種抗菌抗氧化的活性成分,能有效減慢食物變壞的速度,防腐功效不遜於常用但對健康有害的化學防腐劑,如 BHA / BHT。
- 每 450g 的鮮食加進 1/4 茶匙的乾燥百里香,有利食物保存,避免細菌過度繁殖。

- 新鮮或乾燥百里香均可當作料理香料，可直接灑少量於毛孩的食物裡。
- 以乾製／新鮮百里香泡茶，待稍涼時直接飲用或加進食物裡。

百里香茶（內服／外用）

- 每 5 ～ 30g 的百里香（乾燥的用 5g 就夠）用大概 240ml 熱開水浸泡約 10 ～ 15 分鐘，待稍涼後給毛孩使用，可以給毛孩直接飲用或加進食物裡。
- 毛孩服用量：狗狗每10公斤體重，每日服用60～120ml，最好分開2 ～ 3 次餵服；貓咪服用量則減半。
- 也可用來洗滌皮膚患處或外敷。

安全／注意事項

- 懷孕動物慎用。
- 百里香精油是非常濃郁且強烈的，不適合貓狗使用。
- 經分離並純化的百里香酚（Thymol）是有毒性的。

Turmeric
薑黃

學名：*Curcuma longa / Curcuma domestica*

使用部位
根部

針對器官／身體部位
免疫系統、肝臟、關節

主要有效成分／營養特色
- 薑黃提供非常豐富的鐵質和錳，另含豐富的維生素 B6、維生素 A、銅、鉀、膳食纖維等。
- 含豐富的薑黃萃取物（Curcuminoids），包括最為人所知的薑黃素（Curumin）、雙去甲氧基薑黃素（Bisdemethozycurcumin）和 Demothoxycurcumin 等。
- 另含有揮發油類，如薑黃酮（Turmerone）、大西洋酮（Atlantone）、薑黃烯（Curcumene）、薑酮（Zingerone）、薑烯（Zingiberene）等。

由中醫學角度看薑黃
- 性味：辛、苦、溫。
- 如毛孩體質屬實熱、罹患熱症或陰虛火旺，就不適宜服用（或須配合涼性食材才可內服，詳情請諮詢中獸醫師）。
- 歸經：肝、脾經。
- 功效：活血行氣，通經止痛。
- 主治：血瘀氣滯，風濕痺痛。

保護肝臟

- 在多項動物研究中都證明薑黃能有效保護肝臟免受炎症損害，同時能增強肝臟的排毒功能。

高度抗炎

- 多項研究證明，薑黃的抗炎能力，絕不遜於一般的處方抗炎藥，如皮質類固醇（Cortisone）或 Phenylbutazone（NSAID，即非固醇類消炎藥的一種）。比這些傳統抗炎藥更優秀的是，薑黃是全天然，不像一般藥物會引致不良的副作用。

- 無論是動物或人類實驗，都發現薑黃對關節炎的幫助很大，包括能改善關節僵硬、腫痛、發炎，也因此能讓患者更舒適的走動，改善活動能力。所以，薑黃是罹患關節炎的毛孩的好朋友。

- 動物實驗發現，薑黃能透過抑制前發炎性細胞激素（Proinflammatory cytokines）來紓緩一些長期炎症，如發炎性腸道疾病（IBD）。因此，若體質合適，也建議罹患長期炎症的毛孩服用薑黃，對病情會有所幫助。

抗氧化、預防／對抗癌症

- 多項現代醫學研究已證明薑黃有非常強效的抗氧化功能；其中薑黃素（Curcumin）的抗氧化能力是維生素 C 的 2.75 倍、維生素 E 的 1.6 倍、生物類黃酮（bioflavoinoids）的 2.33 倍。抗氧化強大，也代表能預防甚至對抗衰老和癌症。

- 美國科羅拉多州立大學動物癌症研究中心正研究用薑黃素作為貓科癌症的治療，尤其是死亡率非常高的貓咪疫苗關聯性腫瘤（Feline vaccine-associated sarcoma）。

- 美國范德堡大學另有研究發現，薑黃素能有助延緩動物身上的自體免疫疾病。

- 多項動物研究已一致證明薑黃素憑著其非凡的抗氧化機制、抗炎機制及免疫調控機制，能有效預防和對抗癌症。

- 薑黃能有效預防癌症，也能減低患上胰臟癌、肺癌、子宮頸癌、乳癌、前列腺癌、胃癌、大腸癌等癌症的風險。

Turmeric 薑黃

- 另有研究指出，只要每 100g 的肉類混進 1～2 茶匙的薑黃粉一起烹調，就能預防肉類中的蛋白質因高溫而產生致癌物多環胺類／雜環胺（Heterocyclic Amines）。
- 研究指出如連續數月服用約 50mg 的薑黃粉（相等於 1/50 茶匙）， 就已足夠讓它在體內發揮其抗氧化、抗炎等多種保健功效。

有助護腦
- 有多項實驗已證明 DHA（一種 Omega-3 多元不飽和脂肪酸）能有效預防或延緩老人失智症。而薑黃能護腦的機制，就是它能刺激更多不能被直接運用的 ALA（植物來源的一種 Omega-3 多元不飽和脂肪酸）在體內轉化成人類和毛孩都能運用的 DHA。
- 由於貓狗本身都是肉食動物，牠們把 ALA 轉換成 DHA 的能力比我們還低（尤其是貓咪），就這方面來說，薑黃對於延緩牠們腦部退化是有幫助的。

有益心血管健康
- 薑黃有助膽汁分泌、增加其溶解度，並加快膽汁被排出體外的速度。
- 薑黃有助加快將膽固醇轉化成膽汁的過程，能有效降低血管內的膽固醇。
- 它也有助阻止血小板的凝集，是種對心血管健康有益的香草。

- 最簡單的服用方法，是直接將少量薑黃粉混進毛孩的食物裡，或用作毛孩鮮食的香料。

＊薑黃雖然好處多，但吸收率不高，和油脂一起服用吸收效果較好。

薑黃粉

- 貓咪建議服用量：每日 2 次，每次 100mg。
- 小型～中型狗狗建議服用量：每日 2 次，每次 250mg。
- 大型～超大型狗狗建議服用量：每日 2～3 次，每次 500mg。

安全／注意事項

- 以正常分量使用，薑黃是非常安全，沒有毒性的；但若非常高劑量的使用，可能會導致胃壁膜發炎或潰瘍。
- 薑黃屬性溫熱，如毛孩已屬怕熱體質，可能不適合食用。
- 由於薑黃有抗凝血作用，如毛孩正在服用薄血藥，有可能不適用；如毛孩有長期內服的習慣，因其抗凝血效用，請於動手術的 2 星期前停止服用（若偶爾服用則不需擔心）。
- 薑黃會增加膽汁分泌，膽管堵塞或有膽結石的毛孩不適合服用。
- 少數異常敏感的動物在接觸薑黃後，可能會出現過渡性的皮膚敏感。

03

幸福又養生的香草料理。

Blissful & Healthful cooking with herbs.

▎前言

　　Part 3 提供了 20 個食譜，有些利用單一香草，另一些則同時使用兩種或更多。希望大家先閱讀 Part 2，了解各種香草對毛孩的益處和特色後，能將這些食譜作為毛孩香草料理的參考，創作出更多適合你家毛孩喜好和健康狀況的私房香草料理。

　　剛開始烹調這些食譜時，請多留意毛孩的喜惡和進食後的身體反應，並記錄下來。每位毛孩有獨特個性，我們應當尊重牠們的喜好。另外，個別的健康狀況可能會影響到牠們對不同香草的生理反應，也應多加注意。

　　請注意，書中的食譜是作為副食，而不是主食，只適合偶爾餵食。但如果你想讓毛孩在日常飲食中也能享受到香草的好處，不妨在了解各種香草的特性後，適量加進主食裡。

　　希望大家能以書中示範的料理作基礎，和毛孩一起享受香草在日常餐桌上帶來的美味和益處。

※ 注意事項 1：有些香草不適合貓咪內服，所以食譜一開始會註明是否只適合狗狗，或是貓狗都合適。

※ 注意事項 2：食譜中所指的「茶匙」（teaspoon），即為一般所稱的「小匙」（5cc）。
食譜中所指的「湯匙」（Tablespoon），即為一般所稱的「大匙」（15cc）。

Recipe 1

香草排毒特飲

· ·

這款飲料特別適合過往飲食不健康（如食用劣質商業寵物飼料）、整天無精打
采、體內有許多毒素需要清除，又或者有點營養不良，需要補充非常容易吸收
的液體營養的毛孩。

尤其是剛救援回來或從收容所認養回家的毛孩們（當然要牠們本身的情況是穩
定的，如果有嚴重疾病或拉肚子的就先別貿然餵食），因這些可憐的孩子過往
有一餐沒一餐的，體內非常有可能已累積許多毒素，同時也營養不良。這款飲
料能為牠們的健康開啟新的一頁。

營養特色

- 芹菜和巴西里都有利尿作用，加上內含豐富抗氧化物和纖維（蘋果也是），所以也能幫身體清除毒素，讓血管更健康。
- 非常適合罹患糖尿病、心血管病或慢性炎症（如關節炎）的毛孩。
- 另外，巴西里有保護胃壁、降低胃酸分泌過多和紓緩脹氣的功效，有以上消化問題的毛孩也適合喝這款飲料，還能清新口氣呢！
- 巴西里是香草中最營養的一種，再加上飲料中其他食材提供豐富的蛋白質、維生素 A、B、C、K、鐵、鉀、銅、鋅和鈣質等礦物質，可說是道健康滿分的補給品。

材料

芹菜 2 條

小黃瓜 1 條

新鮮巴西里／香菜 1 把

小蘋果／紅蘿蔔 1 個

薑 1 小片

作法

將所有材料切成塊，放進果汁機裡打成汁即可。

親子共享 Tips

- 飲料中已含蘋果／紅蘿蔔的天然甜味，直接喝就很好喝，不用再調味。
- 若打算只給貓咪飲用，以紅蘿蔔代替蘋果會比較合適（因貓咪不嗜甜）。
- 此蔬果汁特地加入薑，是為了中和黃瓜的寒涼性質，讓一般毛孩飲用後不會因太寒涼而腹瀉。
- 小型犬／貓咪：每次建議服用 1 ～ 2 茶匙（每天不超過 3 次）。
- 中～大型犬：每次建議服用 1 ～ 4 湯匙（每天不超過 3 次）。

Recipe 2

薰衣草金盞花安神茶

可能你已經知道，家裡毛孩的情緒很容易受我們影響。下班回到家，或者快要
準備休息前，可以泡杯薰衣草金盞花茶，將一整天緊張的情緒好好洗滌一下，
讓自己和毛孩都好好放鬆睡一覺，迎接充滿活力的明天。

這款香草茶也非常適合經常無故緊張，甚至緊張到腹瀉、過分亢奮或是剛搬家、
加入新家庭的毛孩！

營養特色

- 金盞花有豐富的維生素 C、葉黃素和玉米黃素，對視力很有益處。
- 薰衣草和金盞花都含有抗菌、消炎、鎮痛、讓平滑肌放鬆的功效，若毛孩容易腹瀉（尤其因過度緊張）或患有上呼吸道感染，都非常適合喝這款茶飲，有助復原。

材料

金盞花（新鮮／乾燥）2 朵
乾燥薰衣草 1 茶匙
熱開水 250ml

作法

1　將金盞花和薰衣草放進壺中，沖入熱開水浸泡約 5 分鐘即可。
2　待茶微溫時，就可以給毛孩直接飲用或加進食物裡。

親子共享 Tips

- 薰衣草本身的香氣已很濃郁，即使什麼也不加都很好喝；但如果你真的非常嗜甜，那麼可以添入一點點蜂蜜調味。
- 若只給狗狗和人類飲用，也可選用洋甘菊代替金盞花，安神效果會加倍。
- 此茶也可作外用，外敷在被蚊蟲叮咬的傷口處，具鎮靜皮膚、抗菌消炎、紓緩癢痛等功效。
- 貓狗服用量：每 10 公斤體重，每日服用 60 ～ 120ml，最好分開 2 ～ 3 次餵服。

Recipe 3
肉桂香蕉椰香奶昔

烈日當下，相信沒有多少人能抗拒一杯冰涼奶昔的誘惑吧，
其實狗狗也非常嚮往喔！許多毛孩在成年後都不能耐受牛奶
中的乳糖，但是這款奶昔以椰奶代替了牛奶，不但不含乳糖，
還比牛奶更香濃，特別適合運動後需要迅速補充體力、電解
質和水分的狗狗和家長們。

肉桂香蕉椰香奶昔

營養特色

- 香蕉能提供豐富的鉀、維生素 A、C、B、K 和水溶性纖維；而椰奶和椰子肉除了以上營養素，更能提供鐵、鈣、鎂、硒等礦物質。
- 椰子肉和椰奶雖然飽和脂肪含量高，但都是屬於非常容易被肝臟直接代謝的中鏈脂肪酸（MCFAs）。MCFAs 能在短時間為身體提供能量，特別適合運動量高的毛孩。另外，腸胃敏感的毛孩平常可能不能耐受脂肪高的食物，但卻能比較耐受 MCFAs；再加上椰子中含有一種 MCFAs「月桂酸」（Lauric acid）更有抗菌、抗病毒的效用，所以腸胃不好的毛孩也非常適合。
- 肉桂特別適合腸胃虛寒、高血脂的毛孩和人類，也有助抗菌。

材料

香蕉 2 條

椰絲 1 湯匙

椰奶 100ml

肉桂粉 1/8 茶匙

作法

所有材料放進攪拌器，攪拌成奶昔即可。

親子共享 Tips

- 肉桂和香蕉已提供足夠的香甜味，就算人類享用也不必額外加糖。
- 此飲品也適合冷凍製成狗狗雪糕，成為夏天狗狗大愛的消暑甜品。
- 以中醫角度來看，香蕉屬於寒涼（所以有些腸胃虛寒的毛孩每次吃香蕉都會腹瀉），肉桂則屬溫性，剛好互相平衡。
- 由於這款飲品糖分高，小型犬建議每次最多喝 1 湯匙，中至大型犬每次最多喝 2～6 湯匙。

Recipe 4
黃瓜蒔蘿雞肉沙拉

這是一道適合悶熱夏季、非常清爽開胃的前菜，低脂、低熱量，
但營養絕不遜色，輕鬆吃也無負擔哦！

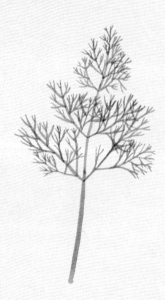

黃瓜蒔蘿雞肉沙拉

營養特色

- 這道料理特別適合罹患高血壓、糖尿病或需要體重管理的毛孩和人類。
- 黃瓜有九成是水分，適合在炎熱天氣進食，以補充流失的水分，且從中醫角度來看，黃瓜屬涼性，能為身體清走熱氣！再者，黃瓜也有抗氧化（含胡蘿蔔素、維生素 C、槲皮素等）和抗炎作用，當中的黃酮類化合物「漆黃酮」更有助保護腦部細胞，此外，黃瓜還含有相當多的鉀質。
- 料理中的優格能提供益生菌，改善腸道健康，還提供優質動物性蛋白質、鈣、磷、鉀、鎂、維生素 B2 和 B12 等，對保持健康骨骼也有幫助。
- 許多家長只敢給毛孩吃雞里肌（白肉），但是除非毛孩過重，否則日常飲食吃點脂肪也是需要的。雞腿肉雖然脂肪含量比雞里肌肉高，但營養價值也比雞里肌肉高，例如雞腿肉的鋅、維生素 B 群、鐵質和其他礦物質都比雞里肌肉高。
- 蘋果有豐富的膳食纖維和果膠（pectin），能保持腸道暢通，亦為腸道裡的益菌提供營養，讓腸道生態環境保持健康，對保持血糖穩定有所幫助。
- 蒔蘿具有幫助消化、紓緩脹氣和抗菌的功效，它同時也是非常營養的香草，能提供多種抗氧化物（如胡蘿蔔素、維生素 C）、鈣、鉀、錳、鎂、鐵質和膳食纖維等。

材料

黃瓜 1 小條

新鮮蒔蘿（切碎）1/2 湯匙

新鮮貓薄荷（切碎）1/2 茶匙

蘋果 1/2 顆

雞里肌肉／雞腿肉 100g

原味優格／茅屋起司 2 湯匙

作法

1 　先將雞肉切丁，然後蒸熟、放涼。

2 　黃瓜洗淨，切丁。

3 　蘋果去皮切丁，備用。

4 　拿一個大碗，放進以上所有切好的食材、蒔蘿和貓薄荷。

5 　最後加入優格／茅屋起司，拌勻即完成。

親子共享 Tips

* 優格本身帶有酸味，讓沙拉爽口清新，如果你和我一樣平常習慣清淡口味，
  就不需要額外調味。
* 如果喜歡味道濃厚一點，可先將自己或家人要吃的雞肉丁分出來，撒上海鹽
  和黑胡椒拌勻，簡單調味就可以。
* 貓咪不嗜甜，若要給貓咪食用，可以不使用蘋果，也可以用魚肉代替雞肉。
* 如果要改用乾燥香草，蒔蘿和薄荷的分量可減半。

Recipe 5

肉桂南瓜湯

我其實一向反對過度消費的耶誕節，難得有假期，就應該預留多點時間給自己和家人（當然包括毛孩們）享受天倫之樂。假如能一邊聽音樂或看電影，一邊和毛孩們分享親手做的耶誕美食，那就太滿足了！

這次想介紹給大家的這道冬日暖湯，無論家人或毛孩喝了都會覺得身體頓時暖呼呼的。烹調過程中，整個空間也會飄散著肉桂的辛香和甜味，讓家裡充滿甜美、幸福的溫馨感，大家一定要試試喔！

營養特色

- 這道湯品特別適合手腳經常冷冰冰、血液循環欠佳的毛小孩。
- 肉桂和薑均屬溫性，吃了之後能為我們和毛孩驅走體內的寒氣。這兩種食材對於手腳冰冷、吃過生冷食物後容易腸胃不舒服的人或貓狗都很適合。其中，生薑還能祛濕，對生活在台灣潮濕氣候中的人和狗狗都有幫助。
- 南瓜有豐富的胡蘿蔔素、維生素 E、鉀等，無論對人和動物都具有很高的抗氧化效益，能抗衰老及防癌。它與蘋果分別有豐富的膳食纖維和果膠，所以這道湯品也有益腸胃，有助保持腸胃暢通。

材 料

清水 250ml

南瓜（切丁）200g

蘋果（去皮去核）半顆（普通大小的紅蘋果）／ 1 顆（尺寸較小的蘋果）

橄欖油／奶油 1 湯匙

肉桂粉 1 茶匙

生薑 1 片（或以 1/8 茶匙的薑粉代替）

作 法

1 先將南瓜蒸熟。
2 再將所有材料倒進攪拌器，打至糊狀。
3 將攪拌好的材料倒進鍋子裡，以中火煮沸。
4 轉至小火，不時攪拌以防底部燒焦，等待大約 3 分鐘後就可以關火。

親子共享 Tips

- 人類若想食用，只需加添少許海鹽。
- 這道湯味道微甜，所以狗狗會比貓咪喜歡。請待湯的溫度降至微暖才給毛孩食用，以免燙傷。
- 小型犬每次建議食用 1 ～ 2 湯匙；中至大型犬每次 4 ～ 8 湯匙。

Recipe 6

鮪魚蛋黃醬山藥沙拉

設計這個食譜的目的，當然是為了討好貓咪囉！如果全書的食譜你都試過，但貓咪還是不領情，請先別放棄，可以試試這道。

熟悉菁菁的讀者們都知道，我一向不鼓勵貓咪常吃鮪魚，因為實在太容易上癮！但偶爾用鮪魚賄賂一下家裡的貓主子們，看著牠們吃過美食後滿足洗臉的樣子，同樣也會讓我們上癮呢！

營養特色

- 鮪魚是非常低脂的動物性蛋白質，能提供 Omega 脂肪酸，有助心臟／腦部／皮膚的健康；另含有維生素 B3、B6、B12、硒等，所以對於免疫系統健康和降低血脂也有幫助；但鮪魚罐頭含鹽量高、重口味、又容易受重金屬污染，不適合常吃。

- 山藥含有非常高的植物性蛋白質、黏質多醣（viscous polysaccharides）、鉀、維生素 C、碘、皂苷、膳食纖維等，所以對免疫系統和消化系統都有益處，也有助降血糖和抗氧化；以中醫角度來看《本草綱目》有記載山藥益腎氣、健脾胃。

- 雞蛋（尤其是蛋黃）能提供非常全面又容易被吸收的營養，包括優質蛋白質、鮮食料理中容易缺乏的膽鹼（choline）、維生素 A、D、E、維生素 B 群、碘、硒和鐵質等。此外，蛋黃中還有兩種抗氧化劑：葉黃素（lutein）和玉米黃素（zeaxanthin），對視力健康很重要，能有效延緩視網膜退化。

- 貓薄荷中的荊芥內酯（nepetalactone）能讓多數貓咪為之瘋狂，但其實對狗狗也有益處，能幫助消化，紓緩脹氣。而貓薄荷除了能讓貓咪感到興奮外，也可以紓緩牠們的情緒，讓牠們慢慢放鬆，平靜下來。

鮪魚蛋黃醬山藥沙拉

材料

罐頭鮪魚 40g

蛋黃（打散）1 顆

山藥 40g

乾燥貓薄荷適量（隨貓咪喜好）

作法

1 將鮪魚罐頭中多餘的汁液倒掉，然後以熱水沖洗兩次。洗掉多餘的鹽分後，再以廚房紙巾或毛巾將鮪魚罐頭中多餘的水分吸走。

2 山藥先去皮，再剁／磨成泥。

3 在盤中放上山藥，再放上鮪魚，然後倒入打散了的蛋黃。（也可選擇將所有食材混合後再給毛孩食用）

4 最後撒上會讓貓咪覺得非常滿足的大分量貓薄荷即可。

親子共享 Tips

• 如果自己或家人想共享，想加重調味，可試試加點昆布醬油。

• 其實許多狗狗也都喜歡貓薄荷，但若你家的狗狗真的不愛，可換成巴西里。

• 貓咪／小型犬每次建議最多吃 1 湯匙；中型至大型犬每次建議最多吃 3 ～ 5 湯匙。

Recipe 7

昆布柴魚高湯

這麼營養豐富又鮮甜的高湯，竟然可以輕鬆完成？這是無論毛孩、人類的日常料理中，都能常常用到的萬用常備湯底。

昆布柴魚高湯

· ·

營養特色

- 以鮮食作為日常主食的毛孩，基本上每天都應該吃點海藻類食物（包括昆布）補充營養，就算食材裡沒用到，補充品裡應該也要有，否則單靠日常蔬菜和肉類食材，許多微量元素和礦物質還是會缺乏。

- 昆布含非常豐富的碘，對於維持健康體重和甲狀腺都非常重要（罹患甲狀腺機能減退症的毛孩和人類都需要攝取更多碘）。

- 除了碘，昆布還能提供其他微量元素和礦物質。它的鈣質含量是牛奶的 7 倍、還有鐵質、銅、鎂、鉀、維生素 K、維生素 B 群、豐富纖維和黏液成分「褐藻膠」，能保持排便暢通、有助腸道益菌繁殖、阻止重金屬和有害化學物質吸收。

- 昆布還有降血脂、降血壓、增強免疫力和涼血解熱（中醫角度）等功效。

材料

昆布 10g

清水 1000ml

低鹽／無鹽添加的柴魚片 3g

作法

1　用濕布將昆布上的灰塵擦拭乾淨。

2　在大碗／鍋子裡倒進 1000ml 清水，放進昆布，然後浸泡至少 30 分鐘（最好隔夜）；如果是夏天放置隔夜的話，請務必移入冰箱。

3　把整鍋浸泡過昆布的水（連同昆布）放在爐上，以中至小火煮開；在快要煮滾的時候熄火，拿出昆布。

4　將柴魚片放入這鍋昆布高湯裡，以中至小火煮開，煮沸後可關火。

5　靜待約 5 分鐘，待柴魚片全都沈澱後再把它們過濾掉，清澈的昆布柴魚高湯就完成了。

親子共享 Tips

● 依照上述作法做出的高湯已經很清甜，但如果自己或家人想喝卻覺得味道不夠的話，可以分開煮一鍋；材料和作法一樣，只是將低鹽柴魚片換成一般柴魚片，並將分量增加到 10g 即可。

● 如果覺得要過濾柴魚片很麻煩，可在一開始先將柴魚片放進茶袋裡，再放入鍋裡煮，煮完後只要把整個茶包夾起丟掉就可以了。

● 貓咪／小型犬每天建議最多飲用 1 湯匙；中至大型犬每次建議最多飲用 2～6 湯匙。

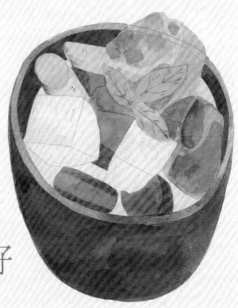

Recipe 8

蘿蔔牛蒡茴香籽
煮豬軟骨

這是道清甜不油膩的養生湯品,既能護肝排毒,也有助消化和滋補筋骨。甘甜的熱湯滑入食道時,頓時能感受到身體的每個細胞都被滋養了!這就是用心親手做料理的獨特魔力。

營養特色

- 這道湯的營養很全面(尤其使用昆布柴魚高湯作湯底),豬肉含豐富蛋白質、鋅、維生素 B 群和鐵質等;白蘿蔔中的木質素有助防癌,中醫認為能消食化滯、開胃健脾,亦含豐富的鈣、鐵和銅;牛蒡含多種多酚類植化素,能增強免疫力,也有助強化肝臟代謝和解毒,適合需要護肝和皮膚經常敏感的毛孩;薑和茴香籽屬溫性,能中和白蘿蔔的寒涼,也是最能紓緩脹氣的香草,可提升消化能力。
- 選用豬軟骨或帶筋的豬腱肉,是因為這兩個部位都帶有軟骨組織,能提供骨膠原和軟骨黏蛋白,有助修復毛孩關節因勞損或退化流失的骨膠原。
- 總括來説,這湯品適合每位需要養生保健的毛孩。

材料

新鮮牛蒡 70g

白蘿蔔 100g

紅蘿蔔 70g

豬軟骨／帶筋的豬腱肉 150g

薑 1 小片

茴香籽少許（約 1/8 茶匙）

昆布柴魚高湯（Recipe 7）適量（剛好蓋過所有食材即可）

＊如果事先沒有預備高湯，也可以用清水替代。

作法

1　將紅、白蘿蔔和牛蒡洗淨去皮，切成小塊。

2　將豬軟骨／豬腱肉汆燙，再用水清洗一下。

3　將材料列中前 6 項食材放進電鍋裡，然後再倒進剛好能蓋過所有食材分量的昆布柴魚高湯（作法請參 Recipe 7），燉煮約 60 ～ 90 分鐘，待肉類變軟就可以。

4　給毛孩食用前，請先將湯裡的料切成適合他們進食的大小。

親子共享 Tips

- 如果你的飲食習慣清淡，會覺得原汁原味的享用這道湯已非常滿足；但若你喜歡重口味，可以再添加少許鹽巴。
- 選購豬軟骨時請選擇連帶脂肪較少的，最好在汆燙前再用廚房剪刀把多餘的脂肪剪掉，否則整鍋湯會很油，有些毛孩會因不適應食用太多脂肪，而引發胰臟炎。
- 有許多人以為毛孩絕對不能吃豬肉，其實不然；未經煮熟的豬肉容易傳播旋毛蟲，但只要徹底煮熟，風險就會大幅減少。另外，選擇脂肪量比較少的豬肉部位，也能減少因一次性進食大量脂肪而導致胰臟炎或消化不良的風險。
- 常有人說紅白蘿蔔不能一起煮，其實要看情況。紅蘿蔔的確含有會破壞白蘿蔔維生素 C 的抗壞血酸氧化酵素；但事實上，白蘿蔔經過熱煮後，本身的維生素 C 也會受到破壞，所以跟是否和紅蘿蔔一起煮沒有太大關係。

Recipe 9

暖心紅肉蔬菜鍋

原本以為狗狗會比較喜歡這道湯，想不到我家裡的貓
咪大人們都搶著喝！這是補虛養血的養生湯，特別適
合大病後身體虛弱、貧血或因血液循環不佳而經常手
腳冰冷的毛孩們，能讓牠們恢復元氣和溫暖。

暖心紅肉蔬菜鍋

營養特色

- 在人類的餐桌上，紅肉似乎有比較多禁忌。但貓狗本身就是肉食動物，比較不會像人類因膽固醇過高造成血管阻塞，所以紅肉對牠們來說就和其他肉類一樣，是種優質的動物性蛋白質。此外，比起其他肉類，紅肉能提供更多鐵質、維生素 B 群和鋅，對保持體內紅血球數目和供氧量、保持活力和免疫力都有幫助。

- 肝臟含有豐富的蛋白質、維生素 A、B 群還有 C，更能提供鮮食中經常缺乏的鋅、銅和其他礦物質如鐵、錳、硒等。

- 湯料裡面的香草和多種蔬菜含有非常豐富的膳食纖維，包括水溶性和非水溶性的，有利腸道健康和保持排便暢通。另外，以上材料也提供多種抗氧化物，有助提升免疫力、延緩衰老和預防癌症（尤其是薑黃）。

- 迷迭香、奧勒岡和薑黃均有抗氧化、殺菌和抗炎的功效，對消化能力和慢性炎症（如發炎性腸道疾病 IBD 或關節炎）都有幫助；迷迭香更能增加血液循環，尤其是加強腦部的循環，預防記憶力衰退。

材料

紅肉（瘦牛肉／鴕鳥肉／羊肉）250g

雞肝／牛肝 100g

紅蘋果 1 顆

蔬菜 3 ～ 4 種（如高麗菜、紅蘿蔔、芹菜）共 200g

新鮮迷迭香約 15cm

新鮮奧勒岡約 15cm

薑黃粉少許

初榨橄欖油 1 湯匙

水 500ml

作法

1　將材料列中前 4 項材料都切丁（蘋果去籽但可以帶皮）。

2　在湯鍋裡倒入橄欖油加熱，稍微爆炒紅肉和雞肝／牛肝，直到大概 8 分熟為止，再加入蔬菜類和蘋果炒勻，約 1 ～ 2 分鐘。

3　倒進水，再放入迷迭香和奧勒岡，然後蓋好鍋子開大火，待煮沸後讓湯沸騰約 5 分鐘，轉慢火燉煮約 40 分鐘（期間須留意水分有沒有過度蒸發），直至湯裡所有材料煮至軟爛。

4　湯煮好後，可撈起迷迭香和奧勒岡丟掉。

5　最後可灑上少許薑黃粉，拌勻後即完成。

親子共享 Tips

● 這道湯材料豐富，如你或家人也想分享，只需加點海鹽就十分美味。

● 如果你家的毛孩皮膚容易敏感，最好避免牛肉，可選擇鴕鳥肉。

● 若毛孩過胖，又或者曾經罹患胰臟炎，請選擇瘦牛肉或鴕鳥肉來替代羊肉，因羊肉脂肪含量較高。相反的，若毛孩體重過輕／過瘦，則可選用帶點脂肪的牛肉或羊肉。

● 除了迷迭香和奧勒岡，其實也可以選擇羅勒或鼠尾草（每次選其中兩種就可以）。

● 貓咪／小型犬建議每次食用 1 ～ 2 湯匙；中至大型犬建議每次食用 4 ～ 10 湯匙。

Recipe 10

Pesto 羅勒青醬

義式青醬是西餐中不可缺的經典，無論拌麵條、肉食、蔬菜甚至麵包都非常可口。但你有沒有想過，其實毛孩也可以享受毛孩版本的青醬？而且它不但能為日常食物增添美味，由於其營養豐富，還可當作天然的營養補充品！

營養特色

- 南瓜籽含豐富的鋅，鋅是一般鮮食料理中最常缺乏的營養素，也是對皮膚健康和免疫系統非常重要的營養；此外，南瓜籽還能提供另一種鮮食容易缺乏的礦物質──銅；其他營養則包括鈣、磷、鉀、鐵質、膳食纖維和蛋白質等。
- 草藥家和整全獸醫師認為，南瓜籽裡的「南瓜籽胺酸」有助破壞和清除動物腸道內的寄生蟲。
- 羅勒含非常豐富的維生素 K 和錳，也能提供銅、維生素 A、C、葉酸和鈣質。羅勒中的「石竹烯」能有助抗炎，所以很適合罹患發炎性腸道疾病（IBD）的毛孩進食。
- 羅勒有非常強效的抗氧化、抗病毒、抗菌功效，也有助紓壓。

材 料

新鮮羅勒 50g

帕馬森起司（Parmesan cheese）20g

南瓜籽（原味）60g

初榨橄欖油 4 湯匙

檸檬汁 1 湯匙

大蒜 1 小瓣

＊若是給貓咪食用的話，可選擇不加大蒜。

作 法

將所有材料放進攪拌器裡，攪拌至呈現粗顆粒的糊狀即可。

親子共享 Tips

- 若自己或家人們也想分享，可另外準備同樣食材，在攪拌過程中添加適量的海鹽和黑胡椒，或者增加起司的分量，讓醬料多點調味。
- 使用現磨的 Parmesan cheese 可以讓香氣、口感更加分。
- 如果希望青醬更滑順、更容易推開，可多加 2 湯匙的橄欖油。
- 這道醬料狗狗都非常喜歡，但可能只有部分貓咪會喜歡。（我家 3 隻貓咪中，有一位瘋狂的喜歡！）
- 貓咪或小型犬建議每次食用 1～2 茶匙；中至大型犬每次可食用 1～4 湯匙。

Recipe 11
香草地瓜脆脆

就算日常飲食要健康,也不代表就完全不能享受香噴噴的輕食。這道地瓜脆脆不但營養滿分,還能滿足毛孩們喜歡咀嚼的習慣,有助保持口腔和牙齒的健康。

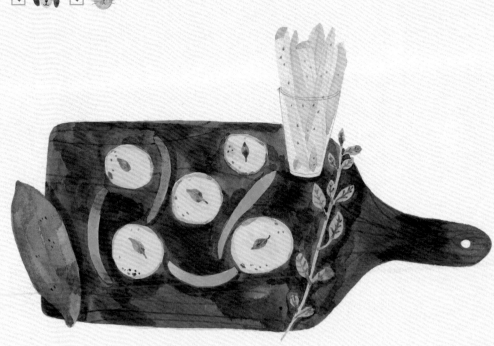

營養特色

- 地瓜含有非常豐富的膳食纖維、胡蘿蔔素、維生素 E、維生素 K、錳、銅、鐵質等；對視力、血糖和血脂控制、保持排便暢通和抗氧化等都很有幫助。
- 奧勒岡和巴西里同樣營養豐富，尤其奧勒岡的抗氧化功能比藍莓高出 4 倍，還有助抗菌。

材 料

地瓜 1 ～ 2 顆
橄欖油適量
乾燥奧勒岡、巴西里適量

作 法

1　烤箱先以 200℃ 預熱。
2　地瓜清洗後去皮，切成 2 ～ 3mm 厚度的條狀（像薯條的形狀）或片狀。
3　將切好的地瓜條／地瓜片放進大碗裡，倒進適量的橄欖油、乾燥奧勒岡和巴西里，好好拌勻。
4　在烤盤上塗抹適量橄欖油，然後將地瓜條／地瓜片平均排在烤盤上，放入已預熱完成的烤箱裡，烘烤 12 ～ 15 分鐘，至表面金黃即可。

親子共享 Tips

- 自己或家人想吃的話，可在食用前撒上海鹽和黑胡椒，增添風味。
- 若希望地瓜條／地瓜片更加香脆，可以在完成烘烤後多留在烤箱裡數分鐘。
- 用馬鈴薯代替地瓜也非常美味喔！

Recipe 12

法式香草杯子鹹派

簡單利用家裡的常備食材，不出半小時，就能為自己和毛孩準備好香噴噴又營養的早午餐或茶點，一起享受優雅滿足的法式小時光。

營養特色

- 雞蛋（尤其是蛋黃）能提供非常全面又容易被吸收的營養，包括優質蛋白質、鮮食料理中容易缺乏的膽鹼（choline）、維生素 A、D、E、維生素 B 群、碘、硒和鐵質等。此外，蛋黃中還有兩種抗氧化劑：葉黃素（lutein）和玉米黃素（zeaxanthin），對視力健康很重要，能有效延緩視網膜退化。
- 起司能提供豐富的鈣、磷、維生素 A 和 D 等。毛孩比人類更能耐受動物性飽和脂肪，但要小心起司含鹽量較高，只適合少量使用（起司中，Cottage cheese 和 Ricotta cheese 相對的含鹽量較低）。

材料

雞蛋 2 顆

新鮮香草 2～3 種（切碎）（如奧勒岡、羅勒、巴西里）1 湯匙

起司（可選 Ricotta cheese）1 湯匙

奶油（低鹽／無鹽）1 湯匙

橄欖油 1 茶匙

已蒸熟的切丁蔬菜 2～3 種（如紅蘿蔔＋青豆＋南瓜）共 50g

作法

1　先將烤箱預熱至 200℃。

2　在一大碗裡，將雞蛋打散，然後再加入材料列中後 5 項材料，徹底拌勻。

3　在烤模裡先放好預先蒸熟的蔬菜，然後再倒入拌勻的蛋液。（此食譜分量
　　足夠做大約 10 個直徑 5cm 的杯子鹹派。）

4　將烤模放進烤箱，烘烤約 10 分鐘，直至表面金黃即可。

親子共享 Tips

• 自己或家人要吃的話，可以用含鹽量較高、味道更濃郁的 Parmesian cheese
　代替 Ricotta cheese，也可以在享用時配搭番茄醬增添美味。

• 如改用乾燥香草，香草的分量減半就可以。

• 小型犬／貓咪建議每次食用 1 個；中型至大型犬建議每次食用 2～5 個。

Recipe 13

香菜鮭魚肉丸

這應該可算是整本書中第二受歡迎的食譜，
無論貓咪和狗狗都大愛，而且營養豐富，如
果你打算為家裡的毛孩準備生日派對，或者
參加其他毛孩的聚會，這道小吃肯定會大受
毛孩甚至家長們的歡迎！

香菜鮭魚肉丸

營養特色

- 鮭魚含容易消化的蛋白質、Omega-3 脂肪酸（包括必需性脂肪酸 EPA 和 DHA）、維生素 D、維生素 B 群、維生素 E 等，罐頭鮭魚更含有豐富的鈣質；整體來說鮭魚無論對皮膚、心臟、腦部和關節健康都有益處，還有助保持心血管健康和骨骼健康、降血壓、消除疲勞等功效。

- 香菜含豐富維生素 K、胡蘿蔔素和其他抗氧化劑、鈣質（配合鮭魚的維生素 D 更好吸收），有助保持正常凝血功能，也能幫助消化、消除口氣、刺激食慾、殺菌和降血糖。

- 雞蛋（尤其是蛋黃）能提供非常全面又容易被吸收的營養，包括優質蛋白質、鮮食料理中容易缺乏的膽鹼（choline）、維生素 A、D、E、維生素 B 群、碘、硒和鐵質等。此外，蛋黃中還有兩種抗氧化劑：葉黃素（lutein）和玉米黃素（zeaxanthin），對視力健康很重要，能有效延緩視網膜退化。

- 椰子粉有別於麵粉，不含麩質，特別適合腸胃敏感的毛孩。它其實是研磨成粉狀的椰子肉，所以也跟椰子肉一樣，提供豐富的膳食纖維和非常容易被肝臟直接代謝的中鏈脂肪酸（MCFAs）。MCFAs 能在短時間為身體提供能量，特別適合運動量高的毛孩。另外，腸胃敏感的毛孩平常可能不耐受脂肪高的食物，但卻能比較耐受 MCFAs，加上椰子中的其中一種 MCFAs——月桂酸（Lauric acid）更有抗菌、抗病毒的效用，所以腸胃不好的毛孩也非常適合。

材料

野生鮭魚罐頭 1 罐（約 200g）

雞蛋（打散）3 顆

新鮮香菜（切碎）2～3 湯匙

椰子粉 30g

大蒜（切末）半小瓣

青檸汁 2 茶匙

椰子油適量

＊若打算給貓咪食用，可選擇不加入大蒜。

作法

1　烤箱先以 175℃ 預熱。

2　將罐頭鮭魚中多餘的汁液倒掉，然後以熱水沖洗兩次，洗掉多餘的鹽分，再以
　　廚房紙巾或毛巾將鮭魚中多餘的水分吸走。

3　在一大碗裡放入鮭魚、蒜末、香菜、青檸汁和蛋液拌勻。

4　接著，加入椰子粉拌勻，再用湯匙或直接用手輕輕將材料搓成直徑約 5cm 的
　　大肉丸。

5　在烤盤上塗抹適量椰子油，然後將肉丸平均鋪排在烤盤上，放入已預熱的烤箱
　　裡，烘烤 10～12 分鐘至表面金黃即可。

親子共享 Tips

- 由於罐頭鮭魚已有鹽分，所以直接吃也不會覺得不夠味。
- 自己或家人享用時，如果想要味道再重一點的話，推薦搭配伍斯特醬
  （Worcestershire sauce）一起吃。
- 如果希望肉丸更香脆，可以在完成烘烤後多留在烤箱裡數分鐘。
- 可用剁碎的新鮮鮭魚代替罐頭，但烘烤時間可能要稍微加長。
- 如選用罐頭鮭魚，由於含鹽量較高，不太適合經常進食，偶爾食用則問題不大（每
  星期不超過 1 次）。
- 貓咪／小型犬建議每次進食 1 個肉球；中型至大型犬建議每次進食 3～8 個肉球。

Recipe 14

惹味雞肉沙爹串

終於！在家裡開烤肉派對時，毛小孩們不用再可憐兮兮的坐在旁邊流口水，一起來共享香噴噴的烤肉串燒吧！

營養特色

- 香菜和薑黃都含有豐富抗氧化物，有助抗癌和保護肝臟。香菜更能幫助消化、增強食慾和改善口氣。

- 薑黃能預防肉類在高溫燒烤下產生致癌物 HCAs（Heterocyclic amines），所以用它來醃漬烤肉最合適不過。

- 這道菜不但含有豐富的優質蛋白質，還能提供足量的維生素 A、K、銅和鐵質等。

材料		沙爹醬汁／醃料

雞腿肉（去骨去皮）2 塊（約 250g）

黃瓜 1 小條

椰子油適量

＊若是給貓咪食用，可選擇不用大蒜。

＊記得不可以使用含有化學代糖（如 Saccharin）的花生醬，會讓毛孩中毒。

椰奶 100ml

椰子油 1 茶匙

大蒜 1/2 小瓣

薑蓉 1/8 茶匙

薑黃粉 1 茶匙

香菜莖（不用葉子）10g

顆粒花生醬（可選低鹽）2 湯匙

作法

1　將黃瓜洗淨，切小塊備用。雞腿肉洗淨拭乾，然後切成大概 2×2cm 的小塊。

2　將沙爹醬汁／醃料前 6 項材料全都放進攪拌器裡，攪打均勻。

3　接著再將顆粒花生醬倒入醬料／醃料中，不用機器打，只要用湯匙輕輕拌勻就好（保留花生顆粒的口感）。

4　預留大概 2 ～ 3 湯匙的醬料，待沙爹完成後當沾醬用；其餘的部分則用作雞肉的醃料。

5　將雞肉丁和醃料好好拌勻，放在冰箱待入味（至少 4 小時，最好醃過夜）。

6　將醃好的雞肉小心的串在串燒棍子上，每根棍子大概可串上 4 ～ 5 小塊雞肉。此食譜分量大概夠做 6 ～ 7 串。

7　剩下的醃料在烤肉過程中可不時塗抹在雞肉上，讓雞肉保持濕潤。

8　將雞肉串燒放在烤架或烤盤上燒烤至熟（每串大概需要 5 ～ 8 分鐘），記得要不時翻轉串燒和塗抹醬料，以免燒焦。

9　食用時可再淋上沾醬，搭配黃瓜一起吃。

親子共享 Tips

- 如果自己或家人也想享用的話，可於以上醃料的基礎上再加入適量的醬油、魚露，甚至紅蔥，並和毛孩吃的分開醃漬。

- 如果嫌分開醃漬雞肉太麻煩的話，另一種做法是把人類食用的醬汁分開，添加約 1 湯匙的粗粒花生醬和少許切碎的香菜葉就可以。

- 毛孩和人一樣，吃完烤肉有可能會「上火」，所以配合涼性的黃瓜一起吃，有助中和火氣。

- 貓咪／小型犬建議每次進食不超過 1 串；中／大型犬每次可進食 2 ～ 4 串。

Recipe 15
羅勒櫻花蝦炒蛋

不到 15 分鐘就能搞定的香噴噴菜色，貓狗人類都超愛，學起來，肯定會成為你家裡
受歡迎的家常料理！

營養特色

- 由於櫻花蝦是帶殼吃，所以補鈣功效是數一數二的（甚至勝過牛奶）。蝦子含非常高
  的蛋白質卻非常低脂，適合需要體重管理的毛孩和人類，另外也能提供豐富的維生素
  B3、鐵、磷和鋅。
- 雞蛋（尤其是蛋黃）能提供非常全面又容易被吸收的營養，包括優質蛋白質、鮮食料理
  中容易缺乏的膽鹼（choline）、維生素 A、D、E、維生素 B 群、碘、硒和鐵質等。此外，
  蛋黃中還有兩種抗氧化劑──葉黃素（lutein）和玉米黃素（zeaxanthin），對視力健康
  很重要，能有效延緩視網膜退化。
- 羅勒含非常豐富的維生素 K 和錳，也能提供銅、維生素 A、C、葉酸和鈣質等。羅勒中
  的「石竹烯」能有助抗炎，所以很適合罹患發炎性腸道疾病（IBD）的毛孩進食。
- 羅勒有非常強效的抗氧化、抗病毒、抗菌功效，也能有助紓壓。

材料

新鮮羅勒（切碎）2 湯匙
乾燥櫻花蝦 1 湯匙
雞蛋（打散）2 顆
椰子油／菜油 1 湯匙

作法

1　將椰子油／菜油入鍋加熱，爆香櫻花蝦。
2　加入羅勒碎，略炒至香。
3　倒入蛋汁，炒至蛋汁凝固即可。

親子共享 Tips

- 自己或家人要吃的話，可加點昆布醬油調味，也可分開煮一份，在烹調時加
  點鹽巴調味；拌飯、拌粥，甚至夾麵包／吐司都好吃。
- 若使用乾燥羅勒，分量可減半。
- 可使用普通乾燥蝦代替櫻花蝦，但要事先用水泡軟。

Recipe 16
羅勒南瓜拌雞肝

南瓜和雞肝都是許多毛孩非常喜愛的食材，尤其是雞肝，幾乎所有毛孩子都大愛，所以在家做這道菜肯定會大受歡迎喔！

營養特色

- 南瓜抗氧化功效非常好，有豐富胡蘿蔔素、維生素 C 和 E，是有助延緩衰老和預防癌症的食材；另外也提供相當多的鉀和膳食纖維，後者能有助毛孩們保持排便暢通，預防便秘。
- 貓狗和人類身體構造不一樣，很少會出現因食物中的膽固醇過高而導致血管梗塞的問題，所以不必因擔心膽固醇高而不讓牠們進食內臟；事實上，如果毛孩是以鮮食為主，日常飲食中必須要包括內臟，不然肯定會營養不良。
- 肝臟含有豐富的蛋白質、維生素 A、B 群還有 C，更能提供鮮食中經常缺乏的鋅、銅和其他礦物質如鐵、錳、硒等；而牛肝會比雞肝含有更豐富的銅質。以上營養都對保持皮膚和視力健康、免疫系統和預防貧血非常重要。
- 羅勒含非常豐富的維生素 K 和錳，也能提供銅、維生素 A、C、葉酸和鈣質等。羅勒中的「石竹烯」有助抗炎，所以很適合罹患發炎性腸道疾病（IBD）的毛孩進食。
- 羅勒有非常強效的抗氧化、抗病毒、抗菌功效，也能有助紓壓。

材料

南瓜 70g

新鮮雞肝 70g

新鮮羅勒（切碎）1 湯匙

高麗菜 1 整片

作法

1　分別將南瓜和雞肝蒸熟至軟（約 8 ～ 10 分鐘），留起蒸雞肝的汁液。

2　將熟南瓜和雞肝切成適合個別毛孩進食的大小，放在高麗菜上，然後淋上
　　雞肝汁即可。

＊ 以上是比較美觀的作法，如果想要方便一點，直接將南瓜和雞肝放上高麗菜一起蒸，然
　　後切碎拌勻即可。

親子共享 Tips

• 如果自己或家人想分享，可試試加點黑醋或伍斯特醬（Worcestershire
　sauce）增添風味。

• 可用牛肝代替雞肝。

• 若買到的是日本南瓜，因外皮比較薄，可以連皮一起蒸煮和進食。

• 若使用乾燥羅勒，分量可減半。

• 貓咪／小型犬建議每天食用不超過 1 湯匙；中型／大型犬建議每天食用不超
　過 2 ～ 5 湯匙。

Recipe 17

茴香蔬菜烤鱈魚

這真的是一道簡單易做,又容易入口和消化的海鮮料理。鱈魚含魚油量豐富,吃起來有時侯會覺得膩,但配搭上香氣濃郁的茴香和鮮薑,再加上鋪在底部的蔬菜也吸收了鱈魚的鮮甜,不但不會覺得膩,魚肉滑進口裡的瞬間,彷彿來自海洋的清新都在口腔裡打轉!

營養特色

- 鱈魚含有豐富且容易消化的動物性蛋白質,以及豐富的 Omega 脂肪酸,對心血管、腦部健康和皮膚等都有幫助,亦有助紓緩各種炎症。另外,鱈魚也提供豐富的維生素 B3、B6、B12,對於保持正常新陳代謝、預防貧血和神經系統健康都很重要。
- 新鮮茴香提供多種抗氧化值豐富的營養素,包括胡蘿蔔素、維生素 C,還有豐富膳食纖維、鈣、鉀、鐵和鮮食料理中經常缺乏的銅;茴香亦同時能有助消化、消除脹氣、改善空氣和對抗炎症。
- 這道菜非常適合需要維護心血管、神經系統和腦部健康,以及消化能力較差、罹患或想預防各種炎症(如關節炎、炎症性腸病 IBD)和增強免疫力的毛孩與人類。

材料

鱈魚（去骨）100g

新鮮蔬菜 2～3 種（如高麗菜、紅蘿蔔）適量

新鮮茴香 20～30g

薑 1 片

作法

1　烤箱先以 180℃預熱。

2　將蔬菜和茴香切成薄片，放在鋁箔紙上。

3　薑切絲備用。

4　鱈魚洗淨拭乾，放在蔬菜和茴香上，再放上薑絲。

5　用鋁箔紙包起來，放上烤盤，移入已預熱的烤箱烘烤 8～10 分鐘即完成。

親子共享 Tips

- 自己或家人享用時，可配點柚子醬油一起吃，口感美味清新。

- 若不想用鋁箔紙，可放在已塗上油的烤盤上烘烤。

- 也可以改用蒸煮的方法，時間也是大概 7～8 分鐘。

Recipe 18

香草烤雞

坦白告訴大家，這道烤雞可算是全書中最受貓狗（甚至人類）歡迎的菜色喔！
適合一家大小在節日裡共同分享，又或者可作為替毛孩慶生、歡迎新毛孩加入
時的慶祝料理。

營養特色

* 雞肉是非常優質的動物性蛋白質，有豐富的維生素 B3、製造紅血球所必需的
  B6、磷和對保持免疫系統健康非常重要的硒。

* 許多家長只敢給毛孩吃雞里肌肉（白肉），但是除非毛孩過重，否則日常飲食吃
  點脂肪也是需要的。雞腿肉雖然脂肪含量比雞里肌肉高，但營養價值也比雞里肌
  肉高，例如雞腿肉的鋅、維生素 B 群、鐵質和其他礦物質都比雞里肌肉高。

* 如果你真的非常擔心脂肪含量，剝掉雞皮就可以去掉大部分脂肪，不過烤雞最好
  吃的部分就沒了喔！

* 迷迭香和百里香含有豐富的胡蘿蔔素、鐵、錳、銅質和膳食纖維，同時還有幫助
  消化、紓緩脹氣、殺菌和抗氧化等益處。

材料

春雞 1 隻（約 1 kg）／小春雞（約 500g）2 隻
新鮮迷迭香 2 小枝（合約 20cm）
新鮮百里香 2 小枝（合約 20cm）
鼠尾草（切碎）少量（沒有也 ok）
檸檬 1 個
橄欖油適量（約 3 ～ 4 湯匙）
大蒜 1 小瓣（磨茸）

＊若是給貓咪食用的話，可選擇不用大蒜

作法

1 檸檬洗淨磨皮，檸檬皮留下備用，另外將半個檸檬榨汁備用。
2 春雞洗淨，然後用廚房紙巾充分拭乾（包括腹腔裡）。
3 留下迷迭香和百里香各半小枝。
4 在一大碗裡，將 1.5 小枝的迷迭香和百里香（只取葉子）、鼠尾草、檸檬皮、檸檬汁、橄欖油和蒜茸攪拌均勻，然後充分塗抹在春雞身上（包括腹腔內），如果可以的話，皮下也可以塗抹點，就像做按摩一樣。
5 將剩下的半小枝迷迭香、百里香和兩片檸檬放進春雞的腹腔裡。
6 將塗抹上香草醃料的春雞放進保鮮袋，放入冰箱醃過夜。
7 在預備烘烤前的 30 分鐘左右把春雞從冰箱裡拿出來放置，讓它的溫度回升至接近室溫。
8 將烤箱預熱至 180℃。
9 將春雞放進烤箱，烘烤 25 ～ 30 分鐘（最後幾分鐘可調高溫度至 200℃，讓外皮更金黃香脆）。
10 烤好的春雞放置約 10 分鐘，待稍微降溫再切開。

親子共享 Tips

• 可另外預備一隻春雞供人類食用；作法同上，醃料也相同，但醃製春雞時另加進適量的海鹽和黑胡椒調味。
• 如找不到新鮮迷迭香或百里香，可用乾燥的（各 1 茶匙）替代。

Recipe 19
解鬱清新小果凍

一般有助紓壓的食材都會讓人昏昏欲睡，但這款果凍清新芳香，既能有助解開憂鬱情緒，又能讓你和毛孩提起精神，作為午後的小點心實在最適合不過。

營養特色

- 這是道非常低卡路里、低脂的甜品,適合需要減重的毛孩或人類。
- 檸檬香蜂草和玫瑰都有護肝的效果,玫瑰在中醫角度更有疏肝解鬱的功效,無論對人類或毛孩穩定情緒和增強記憶力都有幫助。
- 由海藻提煉出來的寒天,含鈣、鐵、鉀質和非常非常豐富的膳食纖維(尤其是水溶性纖維),有助排除宿便,解決某些便秘問題。也因為含有豐富寡糖,能為腸道益菌提供養分,有助改善腸道生態環境。另外,寒天的纖維也對糖尿病患和降低血脂有幫助。

材 料

乾製／新鮮玫瑰花瓣適量

檸檬香蜂草／新鮮薄荷葉(切碎)適量

水 220ml

寒天粉 2g

蜂蜜 1/2 茶匙

作 法

1 鍋子裡先放入常溫的開水,並加入寒天粉,再以中火慢煮,期間不時輕輕攪拌。
2 煮沸後繼續攪拌 2～3 分鐘,直到寒天粉完全溶解,接著關火並加入蜂蜜攪拌。
3 將玫瑰花瓣和薄荷／檸檬香蜂草放進果凍模裡,然後倒入寒天液。
4 待稍微降溫後就放進冰箱裡,凝固之後將果凍脫模即完成。製成的果凍大約足夠給 2 隻中型狗狗或 4 隻小型狗狗享用。

親子共享 Tips

- 依據食譜,自己或家人品嚐的話應該會覺得甜度不夠,可以再多加點蜂蜜,或者在慢煮過程中加點冰糖／黃糖。

Recipe 20

肉桂蘋果

這是一道會讓你戀家的甜品……

冬日的週末，和毛孩子難得可以窩在一起慵懶一下，

聽聽輕音樂，看看書，又或者依偎在一起看那已看過無數遍的舊電影，

空氣中飄散著肉桂、蘋果和奶油香甜溫暖的味道，好像就是家的味道。

營養特色

- 低脂，非常適合需要維持體重或罹患糖尿病、心血管問題的毛孩和家長。
- 蘋果是非常健康的水果，它提供非常豐富的類黃酮（flavonoids），其中包括槲皮素（quercitin），能有效保護神經細胞免受氧化損害。
- 這道甜品也對消化系統很有益處，因蘋果含豐富的膳食纖維和果膠，能保持腸道暢通，亦為腸道裡的益菌提供營養，讓腸道生態環境保持健康；而肉桂能有助紓緩脹氣和胃寒。
- 蘋果和肉桂兩種食材均有助控制血糖和血脂。

材料

青蘋果／紅蘋果 1 顆

肉桂粉 1/4 茶匙

水 1 湯匙

奶油（低鹽／無鹽）1 茶匙

＊覺得青蘋果太酸的話，可以選擇紅蘋果。

作法

1 蘋果去皮切成薄片，放進保鮮袋裡，再加入肉桂粉搖勻，直到每片蘋果都沾上肉桂粉為止。
2 在鍋子裡放入奶油，以小火煮至奶油差不多都融化了，再加進蘋果和水，以中火慢煮至蘋果變軟即可，期間須不時攪拌。

親子共享 Tips

- 如果自己或家人要食用的話，可以搭配鮮奶油或香草冰淇淋。
- 給毛孩食用時，還可搭配少量原味乳酪或鮮奶油。
- 小型犬建議每次食用 1 ～ 2 片；中型至大型犬每次可食用約 1/4 ～半顆小蘋果的分量。

溫和但有效的
天然貓狗護理品D.I.Y.。

Gentle & effective
homemade pet care products.

市售貓狗護理品疑慮重重

▍只是外用，真的不需要那麼緊張？

許多人對毛孩吃下肚子的所有東西都非常小心，但講到外用的護理品卻沒那麼緊張，認為只是用在體外，應該不會對健康造成嚴重影響。很可惜，事實並非如此。作為身體最大的器官，不管是我們人類或是貓狗的皮膚都具有相當的表面積，所有接觸到的物質都有機會透過毛孔滲透進體內；再加上貓狗會以舔的方式去梳理自己或同伴的皮毛，如果用在皮膚的護理品有毒性，還是會被吃進肚子裡。

▍護理不成，還可能毒害身體

根據美國一項研究顯示，我們日常生活裡的個人衛生或護理品中，已知的常見化學成分多達 8 萬多種，其中用在貓狗護理品的也不少，有些更是毒性頗強的工業級化學物質。

這些用來作為界面活性劑、起泡劑、殺菌劑、防腐劑、保濕劑、溶劑、塑化劑的化學物質，許多已被證實對皮膚或黏膜具刺激性甚至腐蝕性，長期使用不但不能發揮護理皮膚的效用，還會破壞本來的保護性皮脂，讓皮膚變得更脆弱乾燥；長期使用更可能導致刺激性或過敏性皮膚炎。此外，這些化學劑當中有些會干擾內分泌、毒害生殖器官、損害神經系統，甚至有機會致癌。

▍法令未規定貓狗護理品要詳細列明成分

作為精明的消費者，在購買毛孩們的護理品前，只要謹慎審視產品的成分是不是就可以了呢？但到目前為止，許多國家都沒有法令規定外用護理品需要列出所有成分；也就是說，我們很難知道市售護理品包裝裡面究竟有沒有會毒害毛孩的化學物質。

- Artificial fragrances, parfums / dyes（人工合成香精／色素）
- BHA / BHT（丁基羥基苯甲醚或丁羥基甲苯）
- Coal Tar （煤焦油）
- DEA-related ingredients（二乙醇胺）
- Formaldyhyde- releasing preservatives（甲醛釋放型防腐劑）
- Parabens（對羥基苯甲酸酯）
- Petroleum- derived ingredients（石油提煉物）
- Propylene glycol（丙二醇）
- Sodium laureth sulfate（十二烷基醚硫酸鈉）
- Triclosan（三氯沙）

生產過程間接虐待動物

正是因為產品中所用到的成分有某種程度的刺激性或毒性，許多護理品生產商為了保障顧客的安全，都會利用實驗室動物做各種殘忍的敏感性測試。我個人絕對反對為了護理皮膚或化妝，而犧牲或為其他動物帶來本來不必要的痛苦；同樣的，我也不希望別的動物為了我家的毛孩忍受不必要的虐待。事實上，如果產品的成分天然而且溫和，根本不需要做任何殘忍的動物測試。

污染環境，影響海洋生態

此外，護理品中含有這些化學成分，不但會殘害實驗室動物和你家的毛孩，還會跟隨著污水流入大海，污染環境、毒害海洋生態，最後反噬人類。

仔細想想，只是為了幫毛孩洗個澡或保持外觀整潔亮麗，值得把那麼多種已知可能會危害健康的化學物質通通塗在毛孩身上嗎？值得為了測試化學護理品的刺激性，繼續讓生產商給實驗室動物帶來難以想像又毫無必要的痛苦嗎？動物們沒有選擇權，但作為毛孩家長的你有！要怎樣選擇，相信你已知道。

簡易天然貓狗護理品 D.I.Y.

為什麼連護理品也要 D.I.Y.？

前面已提醒過大家一般市售貓狗護理品的潛在風險，希望各位都有興趣知道在家 D.I.Y. 護理品的各種好處和可行性，進而動手自製。

好處 1 / 可以 100% 安心給毛孩使用

由於材料都由自己選購，成分清楚而天然，許多更是廚房裡常見的食用材料，性質溫和無毒，就算毛孩誤吃下一點，也不怕會危害到健康。光是這點，市售護理品就難以匹敵。

好處 2 / 為毛孩帶來最貼心的護理

調配材料時，你可以觀察毛孩的皮膚和健康狀況，為個別毛孩做出最貼心合適的量身訂製護理品。這點對皮膚敏感的貓狗特別重要，因為家長可以安心避開已知的致敏材料。

好處 3 / 過程簡單，價錢經濟

別誤以為 D.I.Y. 護理品很難做，其實許多過程只需數分鐘就做完，比小學的科學實驗更簡單。多數用於 D.I.Y. 貓狗護理品的材料，更是我們日常生活中本來就會用到的，算起來其實比許多市售貓狗護理品更經濟實惠。

好處 4 / 可以心安理得的使用

D.I.Y. 護理品性質溫和無毒，不需要殘忍的利用實驗室動物來測試；也因為取自天然材料，不會污染環境或影響生態，用起來自然覺得安心、沒負擔。

D.I.Y. 貓狗護理品的基本材料

以下列出居家 D.I.Y. 毛孩護理品的主要材料，其中大多數都是我們平常會食用的，毛孩就算不小心吃下一點，也不必害怕。

小蘇打 Baking Soda

沒錯，就是我們日常烘培時會用到的小蘇打。本書 Part 5 會詳細說明它的萬用潔淨功能。用於毛孩的護理品裡，小蘇打能有效潔淨、吸濕、除臭，由於是直接用在皮膚，記得要買食用級的小蘇打。

蘋果醋 Apple Cider Vinegar

也就是我們日常用在飲料或製作沙拉醬料的食用蘋果醋，醋的潔淨和抗菌效果在後面 Part 5 中也有詳細解說。2003 年加拿大獸醫學研究期刊（Canadian Journal of Veterinary Research）裡的一篇研究結果也發現，當 pH 值少於 4.0，才能有效阻止狗隻皮膚上的真菌繼續繁殖。一般醋的 pH 值大約是 2.2 ～ 2.4，經過稀釋後使用，就能有效抗菌和真菌。除了抗菌和潔淨，醋對於毛孩來說還能驅蟲（跳蚤和一般昆蟲都不喜歡醋的酸味），再配搭上合適的香藥草，功能更佳。

由於有直接被毛孩吃下的可能性，所以我會建議大家購買有機並且沒有經過過濾的原態蘋果醋（Raw, unfiltered, unpasteurized Apple Cider Vinegar）。這種蘋果醋無論效果和氣味都比一般精煉蘋果醋好，但蘋果醋可能會把白色／淺色毛髮染黃，遇到這種情況時，可以食用級白醋替代。

海鹽 Sea Salt

用於護理品能發揮研磨和消毒抗菌的功效。建議選購沒經過漂白的天然海鹽。

椰子油／橄欖油 Coconut Oil / Olive Oil

護理品裡需要用到油分，主要是用作滋潤、保濕以及加強整體的修護功能。橄欖油和椰子油都是平常煮食會用到的油，其中橄欖油的保濕功能非常優越。

近年來受歡迎的椰子油，基於其含有大量中鏈脂肪酸（簡稱 MCTs），不但有獨特的食療作用，用於護理品時更能有助傷口、紅疹、昆蟲咬傷等加快痊癒。其中鏈脂肪酸中比例最高的月桂酸（Lauric acid），更被證實能透過破壞細菌或病毒細胞的細胞膜，而具有抗菌、抗病毒、抗真菌的功效。有實驗證明椰子油能有效殺滅革蘭氏陽性菌（Gram-positive bacteria）、革蘭氏陰性菌（Gram-negative bacteria）和女生們最害怕的念珠菌（Canida albicans）。選購時請盡量選擇有機冷壓（Organic & Cold-pressed）的椰子油。

橄欖皂 Castile Soap

這算是最原始的、從橄欖油提煉的，不含任何動物或化學成分的肥皂（Part 5 有更詳細的介紹）。它非常溫和保濕，所以連幼犬或幼貓都可安全使用。

狗狗可選用已加植物精油的橄欖皂，但貓咪的話，請選擇原態無香味無精油的純橄欖皂。而我個人喜歡用的是液態橄欖皂，因為在需要與其他材料混合時方便多了。

矽藻土 Diatomaceous Earth

自從養貓狗以來，我都不曾用過市售殺蟲噴劑，怕毒害到牠們。但害蟲並不會因此而不光顧我家，幸好有矽藻土幫忙殺蟲，不然一到春夏季節真的非常困擾！

矽藻土其實是種生物化石，由古代在湖水或海水中死亡的藻類沈積而成，一般都被打磨成細粉末，以方便使用。矽藻土的吸水力非常厲害，加上它的粉末有我們肉眼難以看見的尖銳邊緣，當昆蟲經過而沾上這些粉末時，牠們的外殼

脂質就會被割破，再也無法阻止體內水分流失，接著就會慢慢因脫水而死亡（一般需要 36 小時或以上），對於大部分昆蟲和卵都有效。

矽藻土可以同時用於貓狗身上和家居環境，有加強防治蟲害的效果。但無論是用於護理品或家居周圍的矽藻土，難免有部分會被毛孩吃下，最好還是買食用級的類別。

香藥草 Herbs

這裡用到的，部分是我們料理中常使用的料理香草（culinary herbs），另外一些則是生活裡（包括個人或家居護理）會用到的香藥草。

在護理品中加入香藥草，不僅更加芳香，最重要的是這些香草確實能將它們的療癒成分帶進 D.I.Y. 護理品裡，解決一些毛孩日常會遇到的皮膚問題，而不會像其他含有西藥或類固醇成分的外用藥膏或護理品，為身體帶來負擔、副作用或依賴。

坊間或網路上許多人會建議用植物精油（Essential oils）來製做貓狗護理品，但礙於貓咪缺乏一種叫「UGT」的肝酵素（請參 Part 1），沒辦法代謝精油裡大量濃縮的酚類（Phenol），所以千萬別讓貓咪使用任何由精油製成的護理品。書中介紹大家的護理品，會以醋去萃取香草中的有效成分，雖然多了一個流程，但也多了一分安心。

維生素 E Vitamin E

也就是我們平時很容易買到的維生素 E 膠囊。用於毛孩護理品裡，可作天然防腐劑，同時也有加快傷口癒合的效用。選購天然無添加的 200 I.U. 或 400 I.U. 維生素 E 膠囊就可以了。

column 02．適合用作貓狗護理品的香藥草	桂花	玫瑰	歐薄荷	貓薄荷	薰衣草	迷迭香	洋甘菊	金盞花	檸檬香茅	檸檬香蜂草
去除鬱悶	●	●	●		●	●			●	●
鎮靜情緒／皮膚		●	●	●	●	●	●	●		●
消炎	●		●	●	●	●	●	●		
抗菌／抗真菌			●		●	●	●	●	●	●
收斂		●	●	●				●		
改善肌肉／關節疼痛					●	●				
加快傷口癒合							●	●		
紓緩敏感皮膚／紅疹		●			●		●	●		
改善皮膚血液循環	●	●	●			●				
驅蟲		●	●	●	●	●			●	●

※ 註：有些貓狗會對某種香藥草敏感，使用前最好先在小範圍的皮膚上測試一下。

香草醋的用途多多，能潔淨、消毒抗菌，配合所選擇的香藥草更有附加的療癒效用。可以每次根據毛孩的需要，選擇單一或最多 3 種香草製作香草醋。記住！有些貓狗會對某種香藥草產生敏感反應，使用前最好先在小範圍的皮膚上測試一下。

材料

有機蘋果醋（如果貓狗的毛髮是白色或非常淺色，請以白醋替代）
新鮮／乾燥香藥草（最多 3 種）

作法

1 預備一個乾淨、乾燥的玻璃密封瓶。
2 將乾燥香草放進瓶裡至半滿（如用新鮮香草可放至全滿，還要確保沒有水分，不然容易發霉）。
3 倒進蘋果醋至滿，然後將瓶子密封。
4 將瓶子倒轉一下，讓附在香草上的氣泡上升。
5 將瓶子放在陰暗通風的地方，隔一天，再將瓶中的香草醋輕輕搖一下，讓香草能更均勻的釋出有效成分。如在過程中發現部分醋被香草吸收而導致水平降低，可再加入適量醋。
6 約 2 週後，香草的香味和精華都已溶於醋裡，只要將香草過濾掉就可以使用。若希望護理品更加有效，建議將製作過程延長至 4 星期。
7 如維持香草原液不稀釋，可保存長達 1 年。

眼耳口鼻的日常護理

　　毛孩每分每秒都透過牠們的眼耳口鼻去感受身邊的一切，所以這些器官的護理和健康非常重要。偏偏眼耳口鼻的分泌物特別多，而周邊的肌膚和黏膜又異常敏感，所以在選擇相關的護理品時，經常讓家長們煩惱。市售的護理品大多都具刺激性或藥性，其實不太適合每天使用，以下介紹的 D.I.Y. 護理品既簡單又非常溫和，就算每天使用都不會刺激。

眼睛／鼻子護理 D.I.Y.

你們家的貓咪或狗狗的眼睛，是不是常常都髒髒的？讓每天的清潔變成免不了的親子節目，不過如果使用的清潔液含刺激成分，讓毛孩眼睛感到刺痛，這段親子時光恐怕就會變成不太愉快的打鬥時刻囉！

column 04

海鹽眼睛／鼻子潔淨水　

值得留意的是，健康貓狗的眼睛或鼻子應該沒有太多分泌物或污垢（貓咪甚至不需要經常清潔）。如果你家毛孩的眼睛每天都出現許多黏黏的眼垢（有些還會散發一股酸臭味），或者經常有乾硬的眼垢，除了每天清潔，以防惡菌滋生，還要好好審視一下毛孩的飲食狀況。

此外，如果貓狗對食物敏感，或是因長期吃一些不適合自己體質的糧食，導致體內濕毒過剩（或是中醫學所説的「熱氣」），就可能造成眼睛分泌物增多。

作法

1　將 1 茶匙的天然海鹽溶解在約 250ml 的溫水裡（必須使用蒸餾水或經過濾的純水）。
2　倒進小瓶裡以方便使用。
3　可以在室溫環境保存 3 天。
4　將此 D.I.Y. 鹽水沾在化妝棉或乾淨的小紗布上，然後溫柔的把貓狗眼睛或鼻子周圍擦拭乾淨。

column 05

草本溫和抗炎洗眼液

遇到貓狗眼睛不舒服、對外來物敏感、貓皰疹或上呼吸道感染初期，或者和同伴玩耍不小心被抓傷等狀況，所導致的眼睛輕微發紅或發炎，其實都可以先試試在家 D.I.Y. 以下這款草本抗炎洗眼液，每天用 2～3 次，持續使用幾天。

洋甘菊和金盞花均有抗菌和加速傷口癒合的效用，而且非常溫和；但如果貓咪是因貓皰疹病毒復發而眼睛發炎的話，選擇用檸檬香蜂草會更合適。許多時候毛孩的眼睛擦過洗眼液就會好起來，但如果沒有好轉或一開始就非常嚴重的話，還是要帶毛孩去看獸醫師哦！

作法

1 在一個非金屬的杯子裡，放進 2 茶匙（10g）的乾燥洋甘菊／金盞花／檸檬香蜂草；如用新鮮香草，必須完全沒濕氣，分量也要增加到 30g。

2 在同一杯子裡倒進約 250ml 的熱水（攝氏 90 度左右）。

3 把杯子蓋好，讓香藥草浸泡在熱水中至少 10～15 分鐘。

4 打開杯蓋、把香草過濾掉，待液體降至微溫就可使用。
＊如直接用內裡附有茶隔的小茶壺，會更加方便省事。

5 洗眼液放在冰箱裡，可保存約 1 星期。使用前請先把整個瓶子放入一個盛裝熱水至半滿的大碗裡，讓洗眼液溫度微暖，再給毛孩使用。

6 使用時請將洗眼液沾在化妝棉或乾淨的小紗布上，然後溫柔的把貓狗眼睛或鼻子周圍擦拭乾淨。

column 06

召回嗅覺香草茶

曾有不少毛孩家長（特別是貓咪家長）向我訴苦，每當他們的寶貝感冒時，就算用盡辦法，毛孩就是不肯吃飯。但若是連基本的營養都進不了體內，要怎樣對抗病魔呢？其實貓狗主要是靠嗅覺刺激食慾，當上呼吸道受到感染、鼻子塞住了、嗅覺大大減低，食慾也會因此降低。所以，要讓感冒的貓狗恢復胃口，首先就得想辦法讓牠們的鼻子通暢。有什麼辦法？就是泡一杯香草茶這麼簡單！

作法

1　在一個非金屬的杯子裡，放進 2 茶匙（10g）的乾燥歐薄荷／百里香／迷迭香；如用新鮮香草，必須完全沒濕氣，分量也要增加到 30g。

　　＊薄荷對保持呼吸道暢通最有效，但百里香／迷迭香的抗菌效用卻更好，可選擇輪流使用。

2　在同一個杯子裡倒進約 250ml 的熱水。

3　將這杯浸泡中的香草茶放在毛孩鼻子的下方（小心距離別太近，以免燙傷，自己先測試一下），讓毛孩吸進揮發出來的蒸氣。

4　過程中輕撫毛孩，儘量讓牠放鬆。

5　幾分鐘後（當毛孩超級不耐煩，或茶已停止釋出蒸氣）將茶杯拿走。

6　毛孩的鼻子應該會因為吸入蒸氣和香草裡的揮發油而比較暢通，此時趕快將微暖的食物端上，不然過一會兒鼻子塞起來，胃口又會跑掉了。

耳朵護理 D.I.Y.

清潔耳朵也是毛孩日常護理中重要的一環，多數貓咪的耳朵不太需要家長幫忙清潔，尤其是家裡還有其他貓孩子的家庭，牠們通常會互相清潔耳朵，不用太擔心（除非有耳疥蟲）。但狗狗的耳朵比較易髒，也比較容易發炎，所以保持耳朵衛生是必須的，平均每星期要為狗狗清潔耳朵一次。

column 07
溫和草本抗菌潔耳油

如果家裡毛孩的耳朵不僅有黑色或咖啡色的耳垢，還散發臭味，有可能是細菌或酵母菌感染；如情況不嚴重，毛孩看起來不會太痛或不舒服，耳朵也沒有紅腫或流膿，可以試試以下這款 D.I.Y. 草本抗菌潔耳油。持續使用兩三天後，若情況沒改善或更嚴重，就要立刻找獸醫師幫忙。

我們不知道毛孩耳朵什麼時候會發炎，而這款潔耳油製作耗時，建議預先準備好，以備不時之需（這款油也能用於毛孩的皮膚問題）。

作法

1　先準備一個有密封瓶蓋的玻璃瓶。
2　將百里香或迷迭香（請用乾燥香草，以防發霉）倒進瓶子，直到半滿。
3　慢慢倒進橄欖油，超過半瓶時，先停一下，用百分之百乾燥的非金屬筷子或湯匙輕輕壓一壓，並攪拌瓶內的香草，讓所有香草都被油包覆到。
4　繼續添入橄欖油，直到注滿，再將瓶子蓋好。
5　將製作中的潔耳油放在陽光照射得到的地方（例如廚房窗台），靜置 3～6 星期就完成了。
6　使用前先將香草濾掉，再將潔耳油倒進附有滴管的深色玻璃藥瓶中。製成的潔耳油如未受污染，放在不受陽光直射的地方，最長可以保存 1 年。

column 08

簡易天然潔耳油

如果你家貓狗的耳朵分泌物每天都非常多（甚至反覆發炎），除了每天都要使用溫和的潔耳液徹底清潔，也要找出根本的原因。經常耳朵發炎的狗狗，有可能單純是衛生問題，但狗狗對食物敏感、甲狀腺失衡或體內累積太多濕毒也都可能是背後的因素；如果不徹底處理這些潛伏病因，耳朵發炎這個表面症狀只會不斷重複，甚至影響狗狗的生活品質。

以下介紹的 D.I.Y. 潔耳油選用了橄欖油作為基底，油能有效讓黏附在外耳和耳道的耳垢隨著按摩而滑出，且溫和無毒，就算經常使用也沒問題。潔耳油可在室溫保存 2～3 星期。

作法

1　將橄欖油倒入一個深色的玻璃瓶（用附有滴管的點藥瓶會比較方便）。

2　刺穿維他命 E 膠囊，將裡面的維他命 E 擠進瓶裡，將油和維他命 E 搖勻即可。＊每次使用前都要先搖勻。

3　想讓毛孩舒服點的話，每次使用前可以將瓶子放入熱水裡，待洗耳油變得微暖再使用。

4　翻開毛孩耳朵，滴進大概 5 滴潔耳油（大型狗狗每次可能需要多一點）。

5　蓋回耳朵，然後從耳朵外後方的底部按摩大概 30 秒，當你聽到洗耳液在耳朵內，與皮膚磨擦後產生「滋滋滋」的聲音就對了（通常狗狗在此時都會表現出很享受的樣子）。

6　讓毛孩放鬆。如果牠想用力搖頭，甩去多餘的潔耳油，請不要阻止牠。

7　最後，再度將毛孩的耳朵翻開，用棉花（如果用棉花棒的話千萬要小心，別傷到耳膜）細心將多餘的潔耳油及被推出來的耳垢輕輕拭去。

口腔護理 D.I.Y.

如果你發現家中毛孩有以下症狀,牠有可能罹患了口腔問題(如牙周病)。

- 口臭
- 牙齒附著咖啡色或黃色的污漬或牙石
- 牙齒鬆動,甚至鬆脫
- 不停流口水
- 食物經常從口中掉落
- 口腔／牙肉紅腫或流血
- 不讓人碰嘴巴或附近

　　事實上,貓狗口腔健康問題不但會影響到牙齒,還會因牙肉發炎或萎縮而感到非常疼痛,進而影響食慾,直接影響整體健康。獸醫學口腔健康委員會表示,有研究顯示,比起牙周病情較輕的狗狗,罹患嚴重牙周病狗狗的腎臟、心肌和肝臟均有更嚴重的微觀損傷。這是因為口腔如果發炎,細菌有可能從牙根附近進入血管,入侵體內其他器官,所以,貓狗的口腔衛生真的不容忽視。

　　要維護毛孩口氣清新、預防牙菌膜形成,最好的方法就是每天在牠們最後一次進食後為牠們刷牙。對於比較抗拒刷牙的貓狗,其實不需要用到牙刷,只需用紗棉(可以買嬰孩的口腔清潔紗棉)包著食指,然後沾上專用牙膏,為毛孩輕柔的擦拭牙齒外側即可。許多市售的貓狗牙膏成分相當複雜,有些更含有化學物質,而貓狗在刷牙過程中可能會吃下牙膏,也會讓家長們感到不安。

column 09

D.I.Y. 可口椰子潔牙霜

以下分享這種天然潔牙霜，不但能讓毛孩重新接受（或愛上）刷牙，且因成分都是食用材料，可以保證百分之百安全。椰子油和月桂有殺菌效用，而小蘇打能潔淨牙齒和保持牙齒潔白。想吸引貓咪的話，可以再加入大多數貓咪為之瘋狂的貓薄荷（catnip）；希望狗狗的口氣再清新一點，也可以加進巴西里（parsley）。

自從用了 D.I.Y. 的潔牙霜後，我自己的狗狗每天都很期待刷牙，牠應該已將這牙膏視為牠的睡前甜品吧。不過，如果毛孩的牙齒已累積了大量牙結石，這種潔牙霜是無法處理的，建議還是先讓貓狗到動物醫院做一次徹底的專業洗牙，接著就可以每天用潔牙霜保持口腔清潔了。

作法

1. 先將 2 湯匙的椰子油放進杯子裡，然後將杯子放進一盆熱水中，待白色固體的椰子油稍微軟化（不需要完全變成液體），就可以取出。
2. 加進 1 湯匙的小蘇打和 1 茶匙的清水（如毛孩喜歡，可以用魚骨或雞骨自製高湯替代清水），然後攪拌均勻。
3. 最後刺穿 1 粒維生素 E 膠囊，擠出裡面的維生素 E，加進潔牙霜裡攪拌均勻（維生素 E 也可作為天然防腐劑），基本的潔牙霜就已完成了。
4. 如果想加強潔牙的抗菌功效，並增加對狗狗的吸引度，可以加進 1/4 茶匙的月桂粉或巴西里；想吸引貓咪的話，可以加進相同分量，並已磨碎的貓薄荷。
5. 製成的潔牙霜可放進有扭蓋的玻璃瓶子裡。如未開封，於常溫可保存大約 3 個月；一經開封，請儘量於 2～3 星期內用完。
6. 使用時可以紗棉或牙刷沾上。為毛孩刷完牙後，可以再給毛孩多一點潔牙霜作獎勵。

皮毛的日常護理

　　Part 4 一開始已和大家講解過，護理品雖說是外用，但如果含有害物質，還是會透過皮膚滲透入毛孩體內。所以就算 D.I.Y.，我們也必須選天然無毒的材料。另一點希望大家注意的是，如果你家毛孩經常有皮膚問題、皮毛總是乾巴巴或油膩膩的，又或者總是散發出難聞的氣味，請改善牠的飲食。

　　皮膚是毛孩體內最大範圍的器官，它能直接反映出動物的健康狀況。所以，如果毛孩長期反覆出現皮膚問題，千萬別只顧著外在的護理，要細心觀察毛孩身體其他狀況，並重新檢視牠的日常飲食習慣。當毛孩有適當的營養、整體的健康恢復平衡時，皮毛自然會回復光滑，也不會再散發出難聞的體味。

沐浴／潔淨護理品 D.I.Y.

對貓狗最好的沐浴護理品，理應可以徹底清除皮毛上的污垢和異味，同時溫和保濕，保護好毛孩皮膚本來的皮脂層，不會讓皮膚感到乾燥。其實這些功效，在家 D.I.Y. 的護理品也能做到。

column 10

溫和保濕潔毛液

只要用對護理品（加上毛孩健康情況 ok），狗狗並不需要太常洗澡，也不會感覺髒或有異味。到了夏天或潮濕的季節，可能每 1 ～ 2 星期洗一次，天氣冷或乾燥時，可能每 2 星期甚至每個月才洗一次。貓咪更不用説了，大部分時間都不用幫牠們洗澡，牠們自己和喵同伴們都會互相打理乾淨，經常為貓咪洗澡的話反而會為牠們增添不必要的壓力。

作法

| 將 50ml 的清水混入 100ml 的橄欖液態皂（Castile Soap），就可直接使用，非常簡單。

＊狗狗可選擇已加入植物精油（Essential Oils）的橄欖皂；但貓咪的話，請選用無香味無精油的純橄欖皂。

＊如毛孩的皮毛特別乾燥，可以加進 1 湯匙的橄欖油，混合使用。

＊由於沒有添加起泡劑，使用時並不會產生太多泡沫。

column 11

草本多功能潤絲液

如果想讓毛孩洗完澡後的毛髮更清潔亮麗，大家可以用溫水洗淨毛孩身上的洗毛液後，再用以下的 D.I.Y. 潤絲液沖一次就好。潤絲液中的醋，能洗淨殘留的橄欖皂，讓毛髮亮麗，其氣味亦有點驅蟲作用。

作法

1　將蘋果醋和溫水以 1：3 的比例混合即完成。
2　為毛孩以洗毛液洗淨身體並沖水後，再用潤絲液沖一次；使用潤絲液後不必再沖水。

＊如果想加強功效，請預先照 Part 4 介紹的方法，選用適合個別毛孩皮膚狀況製作的護理用香草醋（請見 P.177，皮膚敏感乾燥可選薰衣草＋玫瑰＋金盞花；皮膚較油膩可選有助平衡油脂的迷迭香／歐薄荷／檸檬香茅），同樣以 1（香草醋原液）：3（水）的比例混合，製成特效潤絲液。

column 12

天然香草乾洗粉

如果你家的毛孩必須要上美容院才能洗澡和剪毛，或因天氣太冷和其他原因而導致比較長一段時間未能洗澡的話，大家可以試試 D.I.Y. 以下乾洗粉應急，能有效吸走異味和減輕油膩感。

作法

1　預備一個起司罐／調味罐。
2　倒進小蘇打，然後再加進 1 ～ 3 茶匙的乾燥香草，如薰衣草、迷迭香，最多可以同時混合 3 種。
3　攪拌均勻，就可以均勻灑在毛孩身上，稍微按摩一下，然後再為毛孩好好梳理毛髮，就完成簡單的乾洗程序。

column 13
簡易消毒潔淨劑 ☑ 🐶 ☑ 🐱

带狗狗外出後,想簡單清潔並消毒腳部和肉墊,又或者想簡單為牠們擦一擦身體,該用什麼清潔劑呢?

作法

1 將蘋果醋和水以 1：3 的比例混合,即完成。

＊可以將這款潔淨劑倒入噴壺,放在玄關,待狗狗外出回來就噴在身上和腳部,再以乾毛巾輕輕擦乾。

＊若天氣較冷,可在一盆熱水內加進蘋果醋,放進毛巾弄濕,再為毛孩擦拭。

＊若想加強消毒效果,可預先照 Part 4 介紹的方法選用如百里香、迷迭香等有強效殺菌的護理用香草醋,再以 1（香草醋原液）：3（水）的比例稀釋過後就可使用。

皮膚日常加護

和人類一樣,貓狗也會隨著環境衛生、天氣、飲食習慣或健康狀況而出現各種皮膚問題,若及早發現並適當護理,一般而言過幾天就能回復正常。以下介紹幾種對付一般貓狗皮膚問題相當好用的天然護理。

column 14
乾燥的皮膚／肉墊／指甲

- 有些毛孩的皮膚／肉墊／指甲會出現乾燥問題,有些更嚴重到有點龜裂,只要每天在乾燥的地方塗上一層椰子油,就能有效滋潤並保護皮膚。
- 如果情況比較嚴重,椰子油每天多塗幾次都可以。
- 但若乾燥情況未改善,請好好檢視毛孩的食物,有可能是因為缺乏油脂或其他營養失衡的原因造成。

column 15
抓傷／擦傷／燙傷

作法

1 先用生理鹽水(也可參照 P.179 D.I.Y.「海鹽眼睛／鼻子潔淨水」的作法)清理傷口。

2 仔細檢查傷口,如大量流血、流膿,或者範圍太廣或太深,都不適宜自己處理,應帶毛孩去動物診所徹底消毒包紮。

3 以 2 茶匙的乾燥洋甘菊／金盞花泡一杯熱茶(用大約 250ml 熱水),蓋好泡大約 10 ～ 15 分鐘(若傷口還有膿皰,請待停止流膿才可以用金盞花,否則傷口皮膚癒合太快,膿皰可能會被留在裡面)。

4 待茶溫降至不會燙傷皮膚的時候,用紗布或化妝棉沾滿香草茶,然後稍微瀝乾至不會滴水,再敷在傷口上(如果動物讓你敷上數分鐘就很好了)。

5 輕輕將傷口以紗布拭乾,然後塗上薄薄一層椰子油。

＊若傷口是因燙傷造成,可使用較低溫甚至冰凍的洋甘菊／金盞花茶冷敷,有助傷口降溫。但若傷口還是燙的話,不建議用椰子油(因油分會讓傷口更慢降溫)。

column 16

早期細菌或黴菌感染（如 Ringworm 金錢癬）

皮膚受細菌或黴菌感染（如 Ringworm 金錢癬）怎麼辦？其實初期，受感染範圍還很少時，自己在家可以先試試用以下辦法處理。

若毛孩的皮膚經常受感染，也請必須改善牠的飲食習慣，讓牠透過營養來增強自身免疫力，才能避免皮膚重複受感染。當然，若使用以下 D.I.Y. 方法幾天後還沒有絲毫改善，就要帶去給獸醫師檢查清楚。

- 視個別動物的情況，有可能需要先剃去受感染皮膚範圍的毛髮，以便清理和塗藥。
- 先以 1（蘋果醋）：3（清水）的比例稀釋蘋果醋（若毛孩的皮膚可以承受，其實減少水的比例，醋液的殺菌效果會更好；可以先在其他部位沾一點試試）。
- 若是黴菌感染，建議以百里香／迷迭香／檸檬香蜂草這些強效殺菌的香草，依照 P.177 製作護理用香草醋原液，以此代替蘋果醋，效果會更好。
- 用以上醋液敷過患處後，再塗上薄薄一層椰子油。
- 如果是黴菌感染的話，每天最好重複以上步驟 3～4 次。
- 每次為毛孩處理患處後，請務必用肥皂和熱水徹底洗手，然後徹底擦乾。
- 毛孩身邊常用到的床和被子，都要每隔幾天就用熱水和肥皂徹底清洗，然後在陽光下充分晾曬（防止匿藏的細菌或黴菌再度感染毛孩）。

天然防蟲護理

Gentle & effective homemade pet care products.

市售防蟲產品方便又有效，為什麼還要 D.I.Y.？

作為負責任的貓狗家長，相信各位必定定期為牠們做足防蟲措施。無可否認，跳蚤、蜱蟲等絕對能威脅毛孩們的健康，讓毛孩罹患多種傳染病（如牛蜱熱）和寄生蟲，嚴重更能致命。所以，為牠們做好防蟲措施，是非常重要的一環。

雖然部分貓狗專用的防蟲產品需要在動物診所購買，但還有許多這類產品能在一般貓狗用品店舖，甚至網路上輕易買到。由於這類產品極為普遍，也被規範為毛孩必須的日常用品，再加上售賣者大多沒特別警示，導致許多家長都對它們所帶來的風險毫不知情。

其實若大家有仔細閱讀這些產品的使用說明書，就應該開始有點疑慮。就拿每個月滴在貓狗後頸的防蟲滴劑為例，為什麼產品說明建議我們最好在使用時戴上手套甚至口罩，若不小心接觸到滴劑就要立刻洗手，但可以直接滴在毛孩的皮膚上呢？莫非這些防蟲／殺蟲產品只對人類有毒性，但對貓狗就安全得多嗎？

我情願這是事實。但實情是，絕大多數用於貓狗的殺蟲產品都是利用干擾神經系統的訊息傳送原理來癱瘓、殺死害蟲，對貓狗和人類的中樞神經系統，是同樣有毒性的。2000 年，美國的國家保護天然資源協會（簡稱 NRDC）就寵物防蟲／殺蟲產品對人類和貓狗本身的危害發表了「Poisons on Pets」的詳細報告。

　　報告主要針對有機磷（Organophosphates）與氨基甲酸鹽（Carbamate）這兩類常用於寵物防蟲產品的農業用殺蟲劑，而這兩類殺蟲劑，在台灣也是最常導致農藥中毒的殺蟲劑。其中有機磷，最初被發明的用途竟是在 1930 年代用來製作生化武器！這兩種殺蟲劑，均可透過吸入、粉塵、皮膚／黏膜吸收或直接進食而進入體內。這也是說，就算你依說明戴上手套為貓狗滴這些殺蟲劑，除非之後再也不接觸毛孩或和牠們共處同一空間，否則你還是有很大機會吸入這兩種毒性殺蟲劑。

　　NRDC 又指出，6 歲以下的兒童更容易被這些用於寵物防蟲產品的殺蟲劑毒害，因許多孩童和毛孩特別親密，亦缺乏個人衛生意識，很可能剛摸完貓狗就把手往嘴裡放（不過就算我們大人也不會在每次接觸家裡毛孩後立刻洗手）。美國環境保護局（簡稱 EPA）也計算過，在為貓狗使用這些殺蟲劑的當日，孩童所接觸或吸入的殺蟲劑劑量超過安全上限 500 倍之多！這些殺蟲劑除了容易讓小孩急性中毒，有研究結果指出，由於小孩還在發育，若此時長期接觸或吸入這些殺蟲劑，無論腦部和神經系統的發展都會受影響，長大後有更多機會罹患癌症和帕金森氏症。

　　對間接接觸到這些殺蟲劑的人類毒害尚且如此，對直接接觸到的貓狗又會嚴重到什麼程度？寵物防蟲滴劑中毒事故日益增多，美國環境保護局和加拿大蟲害管理局在 2009 年向公眾發出聯合警告，警告裡表明，單在美國，2008 年就收到約 43000 宗貓狗使用防蟲滴劑導致中毒的報告。實際中毒的數字很可能更多，許多家長或獸醫根本沒意識到防蟲滴劑竟然會導致中毒，或有其他因怕麻煩或其他因素沒有上報。

> **column 17．貓狗使用防蟲滴劑後的中毒徵狀**
>
> - 嘔吐、腹瀉、沒胃口
> - 不停流口水
> - 不停流眼淚
> - 皮膚異常痕癢、掉毛、潰爛
> - 無精打采
> - 躁動不安
> - 行動失調
> - 顫抖
> - 痙攣（嚴重甚至死亡）

※ 根據美國 EPA 對 2008 年所上報的中毒個案檢討。

在這 43000 件中毒個案中，有些貓狗只有皮膚搔癢或敏感等輕微症狀，也有嚴重到痙攣，甚至死亡。假如你家的毛寶貝在使用防蟲產品後幾天內出現上方欄位中的任何徵狀，請立即用溫和的肥皂和溫水徹底為牠洗澡，沖走殘餘的防蟲滴劑，阻止身體持續吸收這些化學劑。

你也許會想，這不可能吧？如果這些防蟲產品毒性真的這麼強，為什麼你我身邊都好像沒聽說過有毛孩因此中毒呢？（其實我本身有認識的狗狗慢性中毒）這是由於急性中毒的個案發生率可能不太頻繁，再加上中毒徵狀與其他疾病相似，導致家長求醫時根本就沒想到要向獸醫師提起剛使用過防蟲產品。就算有提及，部分獸醫師也不認為這些日常殺蟲產品會有什麼毒性，也就想不到問題在於這類殺蟲劑。

至於這些防蟲劑對貓狗的慢性毒害，就更少人發現了。NRDC 指出，貓狗若長期使用含有有機磷（Organophosphates）或氨基甲酸鹽（Carbamate）的防蟲滴劑或其他防蟲產品，除了會毒害神經系統，更可能會致癌。報告也指出小型犬和貓咪特別容易中毒，原因有可能是產品所建議的劑量太寬鬆，導致體積小的動物使用過量。

而比較多貓咪中毒的其中一個原因，有可能是家長給貓咪使用犬用防蟲用品，但有些殺蟲劑狗用問題不大但貓咪卻會中毒（如含有除蟲菊精 Pyrethrin 和合成除菊精 Pyrethroid 的商品）。

基於有機磷和氨基甲酸鹽對人類和貓狗毒性嚴重，NRDC 建議全面禁止這兩類殺蟲劑用於任何寵物產品。

但事與願違，到目前為止，以上兩類殺蟲劑還是存在於貓狗防蟲產品。NRDC 於是又在 2009 年再發表「Poisons on Pets II」，這項新報告主要針對一般用於貓狗防蟲頸帶的兩種殺蟲劑：四氯賓福（Tetrachlorcinphos，有機磷的一種）和安丹（Propoxur，氨基甲酸鹽的一種）。

研究發現，配戴了含有以上兩種殺蟲劑的頸帶兩星期的貓狗，身上毛髮的 Tetrachlorcinphos 或 Propoxur 殘餘量竟比 EPA 所定下的安全上限高達 50 ～ 500 倍，對小孩來講更遠超過 1000 倍！這可不是開玩笑的，這兩種殺蟲劑可都是已被證實可能致癌的殺蟲劑。讓我們反思一下，對人類的致癌風險已經如此，對體積比我們小而又被迫直接接觸這些殺蟲劑的毛孩，風險有多高？

---

column 18‧NRDC 建議全面禁止用於寵物產品的殺蟲劑

有機磷殺蟲劑
Organophosphates

- 陶斯松（Chlorpyrifos）
- 敵敵畏（Dichlorvos）
- 那雷德（Naled）
- 益滅松（Phosmet）
- 四氯賓福（Tetrachlorvinphos）
- 馬拉硫磷（Malathion）

氨基甲酸鹽殺蟲劑
Carbamate

- 安丹（Propoxur）

正因如此，NRDC 分別在 2014 和 2015 年正式控告 EPA 監管不力，竟還讓 Propoxur 和 Tetrachlorcinophos 這兩種不僅對寵物，特別是對人類小孩的中樞神經和腦部發展都毒害深遠，並會致癌的殺蟲劑，廣泛應用在寵物產品中。

那麼，我們是否只要避開含有有機磷或氨基甲酸鹽類的寵物防蟲劑就安全呢？這兩類是毒性最強的，但一般非天然的寵物防蟲產品都會用上對動物中樞神經有毒害的殺蟲劑，還有部分的化學溶劑也有可能會引起不良反應，所以還是有一定的健康風險。

為了安全起見，我們是否應全面停止讓毛孩使用任何用化學殺蟲劑製成的寵物防蟲產品呢？這確實是值得好好思考的問題。

化學殺蟲／防蟲產品的確毒性高，近年來更有部分昆蟲對於部分殺蟲劑呈抗藥性，但它們的好處是快速有效。天然的防蟲／滅蟲方法有時候需要幾天或更長的時間才開始有效，而效果也比較難預計。有時碰到剛救回來的流浪貓狗，身上多達幾十隻，甚至百隻跳蚤或蜱蟲，動物本身已被這些吸血鬼弄到嚴重貧血，甚至得了牛蜱熱，那要怎麼辦？要迅速消滅所有寄生蟲才能為牠保命啊！這時有可能不得不使用毒性強，但也同時速效的化學殺蟲寵物產品（但要謹記，4 週歲以下的幼貓／幼犬承受不了這些殺蟲劑的毒性，還是使用天然的方法比較安全）。

※ 若想查看正在使用或打算購買的貓狗防蟲用品的安全性，
　 可到以下網址確認：www.simplesteps.org/greenpaws-products。

我之所以使用較長篇幅和大家討論這些化學殺蟲劑寵物產品的毒性，是因為大家一直都不在意其嚴重性，當它們是零風險的日用品來使用，實際上並不然。

那麼，購買取材天然的市售寵物用殺蟲／防蟲劑不就可以了嗎？其實不一定。舉例來說，市面上許多此類產品都含有植物精油（Essential oils），但在 Part 1 中已和大家解釋過，礙於貓咪缺乏一種簡稱為 UGT 的肝酵素，無法有效代謝精油中的酚類，長期使用會導致慢性中毒，而貓咪對於天然殺蟲劑除蟲菊精（Pyrethrin）和合成除菊精（Pyrethroid）也有類似的反應。

有別於人類和狗狗，貓咪無法代謝除菊精，會在使用除菊精的數小時內出現神經系統中毒症狀，甚至死亡；科學家還未找到確實原因，但可能是因為貓咪體內缺乏葡萄醣醛酶（Glucoronidase）這種酵素。所以，並不是所有市面販售的天然防蟲產品都可以 100% 安心的讓貓狗使用，尤其是貓咪。

以下會介紹一些全天然、無毒性的 D.I.Y. 防蟲／殺蟲配方給各位貓狗家長，希望讓大家多些選擇。雖然這些天然的方法未必如化學防蟲產品那麼強效或速效，但大家還是不妨在害蟲較少的冬季開始試試效果，在評估各種風險後，再決定是否還要繼續使用具毒性的強效化學寵物殺蟲／防蟲劑。

▌全方位天然防蟲法

以下 D.I.Y. 防蟲護理品是用全天然的材料製造，功效可能比化學殺蟲劑產品稍微溫和，所以請大家全部都使用（尤其在炎熱和潮濕的蟲患季節），才能為毛孩打造全方位的保護。

column 19

外出用天然防蟲噴霧　　

作法

1　請按照 Part 4 介紹的方法（P.177），利用蘋果醋和 3 種具有驅蟲蜱功效的乾燥香草來製作護理用香草醋原液（若毛孩的毛髮是淺色、白色的話，要避免毛髮在使用後變黃，請改用白醋）。

2　以 1：1 或 1：2 的比例（視你或毛孩是否介意濃烈的醋味，味道越濃，驅蟲效果越好）將香草醋原液和純水混合，然後倒進噴壺裡。

3　每次帶毛孩外出前（尤其在春夏蟲患季節），徹底用這款天然防蟲噴霧噴勻整個身體，特別是肚子、手腳、尾巴下方、耳朵後方等容易疏忽的位置，但小心別直接噴進鼻子、眼睛、耳朵。

＊其實人類也能使用，這款噴霧不但可驅走跳蚤和蜱蟲，連蚊子也討厭醋的氣味。
＊如果外出時間超過 3 小時，又發覺毛孩身上已沒有香草醋的味道，可以再補噴。

> **column 20．適合製作驅蟲護理品的香藥草推薦**
>
> - 歐薄荷（Peppermint）
> - 貓薄荷（Catnip）
> - 薰衣草（Lavender）
> - 迷迭香（Rosemary）
> - 檸檬香茅（Lemongrass）

column 21

天然除蟲粉

「外出用天然防蟲噴霧」是第一層防禦,有些頑強的昆蟲,還是會排除萬難去親近我們的毛孩。所以,請大家也為毛孩們做好以下第二層防禦,將已在動物身上的跳蚤和蜱蟲殺死。

作法

1 先預備一個乾淨的有蓋容器。

2 把適量食用級矽藻土和少量有驅蟲功效的香藥草(最多 3 種)混合並倒進容器內,就成為了天然除蟲粉。

3 把適量除蟲粉倒在掌心,從貓狗頸部開始,沿著脊椎撒下除蟲粉(每次的用量約每 5kg 體重撒上不多於 1 茶匙的除蟲粉),然後仔細並輕輕的按摩,讓除蟲粉能到達動物全身毛髮的根部。記得連動物的下腹、四肢、尾巴都要沾上除蟲粉。

＊撒除蟲粉時,請小心避開動物眼睛、耳朵和鼻孔等部位,以免引起暫時性不適。
＊矽藻土粉末非常細,記得在通風的環境下使用,避免自己和動物吸入過多粉塵。
＊基本上每次為毛孩洗澡後,待毛髮乾透就可以為牠們撒上除蟲粉。天氣冷的時候,可以每個月撒 1 次;春夏季節可以每星期撒 1 次;如果環境蟲患真的很嚴重,可以每兩三天就撒一次。
＊除蟲粉也可以用在毛孩睡覺、休息的地方,以防治蟲害。

column 22
天然滅蚤或蜱蟲法

如果外面蟲患實在太嚴重，有些跳蚤或蜱蟲還是跟著毛孩回家了，一定要用含有化學殺蟲劑的寵物產品來解決嗎？如跳蚤或蜱蟲的數量不太多，也可以試試以下天然的殺蟲方法。

由於毛孩將這些昆蟲帶回家後，很有可能匿藏在陰暗的角落，甚至產卵，所以也記得依照 Part 5 所介紹的方法，在家居環境做好防蟲措施，甚至在家裡牆角和每個陰暗角落都撒上矽藻土粉末，每個星期都重複使用，直到家裡整個月都沒出現跳蚤或蜱蟲為止。

> **作法**

1　首先將毛孩放進浴盆裡（小型貓狗也可以放在洗手盆裡）。
2　用海綿或小毛巾沾滿蘋果醋（不用稀釋），若貓狗的毛髮是淺色、白色，可用白醋替代，以醋擦滿毛孩全身（小心避開眼睛、鼻子和嘴巴）；可重複擦一遍，然後靜待幾分鐘，讓醋發揮殺菌功效，毛孩身上的蚤或蜱蟲會因為受不了醋的酸味而掉下、暈倒。
3　為毛孩塗上溫和的潔毛液（P.187），按摩全身，靜待數分鐘，然後沖洗乾淨。
4　接著，使用之前教過大家做的蘋果醋潤絲液（P.188），徹底倒勻在動物全身，不必沖水。
5　吹乾毛髮後，檢查清楚毛孩身上還有沒有任何蚤或蜱蟲，再按照上述方法為毛孩撒上天然除蟲粉。如有需要（動物身上再發現有蚤或蜱蟲），可以隔 2 天再重複以上步驟。

　　除了適當的使用以上 D.I.Y. 的天然防蟲護理品，若是大家能多加留意以下幾點，就能加倍鞏固對於跳蚤或蜱蟲的防禦了！

- 盡可能給毛孩最天然、無化學添加，且營養均衡的日常飲食，保持牠們的身體健康（因跳蚤或蜱蟲最愛叮咬健康欠佳的動物）。
- 在蟲害嚴重的季節，外出時盡量帶毛孩去寬敞的地方，避免茂密的叢林或太久沒人打理而導致野草長得過高的草地，這些地方會有特別多的跳蚤或蜱蟲出沒。
- 每次和毛孩外出散步後，回到家除了要立刻清潔牠們的手腳，還要徹底檢查有沒有蚤或蜱蟲附在牠們的毛髮上（尤其在耳後、下腹、尾巴等比較隱密的位置）。可以使用蚤梳梳理皮毛，將藏於皮毛裡的蚤抓住。
- 人類方面，請別穿外出用的鞋子進屋內，蚤或蜱蟲有可能會附在鞋子上。
- 參考 Part 5 的方法，善用天然無毒的清潔劑保持家中清潔，尤其注意要經常使用吸塵器吸塵（最少每星期兩次，我家由於貓狗眾多，所以每天都需要吸塵），並要時常更換吸塵器內的集塵袋。

用香草清潔居家，
無毒又芬芳。

Toxin-free home-cleaning with herbs.

一般化學居家
清潔劑的種種危機

在這部分的開始，請讓我先跟大家分享一個真實個案。

　　大概在 2008 年的某一天，我突然收到一位貓志工朋友陳小姐的求助，說最近帶她家的貓咪 Miu Miu 去做體檢，竟發現牠的谷丙轉氨酶（簡稱 ALT，是肝酵素的一種）飆升了，但資深獸醫師都查不出原因，只說可能是吃下了某種化學物。在苦無對策的情況下，陳小姐聯絡了我。

　　在詢問過 Miu Miu 平常的飲食習慣並發現沒有什麼不妥後，我卻另有想法──不如試試直接找出 Miu Miu 經常接觸的化學物。

　　一問之下，原來陳小姐是極度注重衛生的人，每天都用一種號稱「人畜無害」的市售消毒劑，將家裡的地板、家具擦得乾乾淨淨。細問之下，原來清潔劑的包裝上並沒有列明成分，這讓我不禁懷疑它是否真的人畜無害。

　　為了安全起見，在我的建議下，陳小姐同意立刻停用這種成分不明的清潔劑，改用天然柚籽精華抗菌劑（Grapefruit Seed Extract，簡稱 GSE）作為主要的居家清潔劑。事隔約 3 個月後，Miu Miu 再去做血檢，這次的 ALT 和其他肝指數都恢復了正常。

Toxin-free home-cleaning with herbs.

而這個個案真的只是一個巧合嗎？

我後來查到這款號稱「人畜無害」清潔劑的主要成分，並不是取自天然原料，而是阿摩尼亞複合物（ammonium compounds）、戊二醛（gluteraldehyde）和萜烯衍生物（terpene derivatives）。根據美國國家職安中心（The National Institute for Occupational Safety & Health，簡稱 NIOSH）的研究顯示，阿摩尼亞對眼睛、皮膚和整個呼吸系統的刺激性都很強，更有可能讓皮膚起疹，甚至灼傷。戊二醛也有毒性，而且屬強鹼性，同樣能強烈刺激所有具黏膜的器官，如眼睛、皮膚、呼吸系統等，長期接觸或吸入，更有可能導致哮喘、敏感性或灼傷性皮膚炎。讀到這裡，大家還相信這清潔劑真的是「人畜無害」嗎？

化學清潔劑對毛小孩的健康影響

以上的個案，相信各位都有似曾相識的感覺吧？身邊也一定有聽說過其他毛孩突然無緣無故的肝酵素超標，大家都以為只要別讓動物誤吃一般居家清潔劑，就算每天使用都問題不大。但事實上，就算沒被直接吃下，當中的化學物還是會透過皮膚、眼睛或經呼吸系統而進入體內。

為何家裡有毛孩或小孩，都應避免使用一般化學居家清潔劑呢？其實毛孩跟 2 歲以下的幼童一樣，大部分時間都在地上爬行，毛孩更會趴在地上休息。再加上毛孩並不像人類會穿拖鞋，所以牠們的皮膚差不多一整天都直接接觸地板，也會接觸到用來清潔地板的殘餘清潔劑。

再者，貓狗會舔自己或同伴的手腳甚至全身皮毛，以作日常梳理（貓咪尤其愛清潔）。如果家裡使用化學清潔劑，難免會在地板、家具留下殘餘，而貓狗就會在自我梳理的過程中把這些化學物質吃下肚。

相信許多人都認為，如果使用前已將清潔劑稀釋，再經過多次過水，就算有化學物殘餘，應該也是非常微量吧？不然，為什麼我們人類都沒事？

首先，就如上文提過，我們人類一般在家裡都穿襪子或拖鞋，不像貓狗般赤腳行走，也不像貓狗會舔自己的身體，所以直接接觸或誤吃下這些化學殘餘的

機會大大減少，相比之下，就算化學殘餘的劑量可能很少，但礙於一般寵物貓狗的體型比人類小，所以能耐受和代謝的毒素也相對較少，尤其是貓咪！

在 Part 1 已跟大家解釋過，因貓科動物缺少一種負責催化肝臟排毒的肝酵素 UGT（UDP - glucoronyl transferase 的簡稱），所以對許多藥物和化學物都異常敏感，無法有效代謝，例如常見於精油、空氣芳香劑、消毒劑及家具保養劑裡的酚類（Phenol）。這些微量的化學殘餘不知不覺的在毛孩體內日積月累，直到有一天，家長才發現毛孩的身體「突然」出現了問題！

如果家裡的毛孩出現以下狀況，但又一直找不出原因，很有可能是一般家用化學清潔劑的禍害。

症狀 1／ **皮膚紅腫、出疹、灼傷**

相信不少朋友也有經驗，使用一般化學居家清潔劑時會感到「咬手」，到後來不得不帶著手套才敢使用吧？這是因為這些清潔劑中，通常都含有防腐、強鹼或強酸性的化學成分，會讓皮膚感到刺痛、紅腫，嚴重的甚至會灼傷。長期接觸，就算是微量，也會讓皮膚變得敏感，誘發難纏的過敏性皮膚炎或濕疹。

症狀 2／ **容易疲累、嗜睡、頭暈／頭痛、噁心、食慾不振**

我自己是個一聞到人工香精就會頭痛的人。其實不只人工香精，許多清潔劑裡的其他化學物質（如阿摩尼亞、氯等），在使用過程和使用過後都會釋出對人和動物有毒，而且嚴重污染空氣的有機揮發性化合物（簡稱 VOC）。美國環保署也發出過警告，室內的 VOCs 含量可能比室外還要多 2～5 倍，而 VOC 會影響中樞神經及消化系統，導致疲累、嗜睡、頭暈／頭痛、噁心、食慾不振等症狀；況且大多數毛孩每天有 9 成時間都在家，室內 VOC 對牠們的影響會更嚴重。

症狀 3 / **不時／經常眼睛紅腫不適、流眼淚**

許多清潔劑裡的化學物都對身體黏膜具刺激性，加上一般貓狗身型比較矮小，離地較近，假如地板清潔劑裡的殘餘化學物不斷釋出揮發性氣體，就會刺激到貓狗的眼睛，導致嚴重不適感，甚至刺痛。

症狀 4 / **不時／經常咳嗽、打噴嚏、氣喘**

許多化學清潔劑都建議使用產品時要保持空氣流通，不過就算如此，相信不少人還是會覺得它們的味道很嗆鼻。對於嗅覺比人類靈敏百倍的貓咪和狗狗來說，嗆鼻的感覺肯定難受百倍以上。這些揮發性化學物不止難聞，還會強烈刺激鼻腔和整個呼吸系統，導致動物咳嗽、打噴嚏、氣喘等。如果濃度夠高或長期吸入，有些更會導致灼傷性肺炎或哮喘。

以前我就曾遇過，有貓咪因為家長以稀釋漂白水消毒貓砂盆，而寧願在砂盆以外大小便的狀況。原來漂白水裡的氯（Chlorine）與尿液中的阿摩尼亞混合時，會形成劇毒氯胺氣（chloromine），不但嗆鼻，吸入過多更可能導致化學性肺炎。當家長一停用漂白水後，貓咪果然就乖乖使用砂盆了。

症狀 5 / **肝腎指數超標**

無論人類或動物，絕大多數在身體裡面的毒素都是由肝臟或腎臟處理並分解。所以當進入身體的毒素增加（包括直接吃下、經由呼吸系統吸進，或透過皮膚滲透），也就會增加肝腎的負擔，可能因此造成損害。特別是所有貓咪天生都缺乏 UGT 肝酵素，無法代謝多種化學物質或毒素。

現代高科技社會，無論用的吃的，絕大多數都被化學物包圍，所以不少貓狗們都會「突然」、「無緣無故」的肝酵素指數飆升，或者肝腎出問題，其實很可能都與身邊常接觸的化學物有關。

症狀 6 / **癌症**

　　現代社會的寵物貓狗，雖然壽命比以前長，但無可否認患上癌症的比例卻在攀升；可能許多家長還未發覺，原來每天都讓毛孩和自己生活在致癌的環境裡。許多市售清潔劑、空氣芬香噴劑、水管道疏通劑裡的化學物質，如甲醛（Formaldehyde）、對二氯苯（Paradichlorobenzene，簡稱 PDCBs）和 1，4 －二惡烷（1，4-dioxane）等都有很高的致癌性。

　　現在有許多寵物家長都對家裡的貓狗呵護備至，視牠們為家人，情願親自動手做鮮食，連用品都要取材天然才安心；但大部分人還是忽視了居家清潔環節中所暗藏的危機。就算每天讓你的毛寶貝吃得天然、用得天然，但卻整天讓牠們被困在一個充滿有毒化學物質的環境中，那不是徒勞無功嗎？

　　雖然人生中的確有很多我們控制不了，到頭來還是徒勞無功的事情，但居家清潔是絕對可以用安全無毒、芬芳宜人的方式進行。接下來介紹的天然無毒居家清潔法，不單有益毛孩、自己和家人，還能為保護環境出一分力。

天然無毒居家
清潔法主要材料

▌D.I.Y. 天然無毒清潔劑的種種好處

提起親手做天然居家清潔劑，一般人可能都會認為這些 D.I.Y. 清潔劑的潔淨效果必定比市售化學清潔劑差，而且麻煩費時，因此不大願意嘗試。其實這些都是誤解，只要懂得在合適的情況下選用適當的天然清潔原料，家裡一樣可以乾淨溜溜，而且不會留下任何危害健康的化學殘餘。

D.I.Y. 無毒清潔劑其實步驟簡單，不會花上多少時間。相比之下，一般化學清潔劑在使用過後要多次過水，整個清潔過程可能比使用 D.I.Y. 無毒清潔劑更費時呢！

D.I.Y. 無毒清潔劑還有另一項好處，就是比起那些花大錢廣告的市售化學清潔劑，自己動手做的材料只有幾種，就足以應付各種污漬，比起每種污漬、每個空間都買一種專用化學清潔劑，實在更經濟實惠。

我們的家，應該是對人類和毛孩都安全舒適的安樂窩，而不是個充滿有毒致癌物質和過敏原的危險監獄。選用天然材料、自己動手做清潔劑，就能避免這些危害健康的有毒物質，光是這一點，已足夠讓我放棄使用各種化學居家清潔劑了。畢竟，健康永遠都是無價的。

接下來，大家一起來學習如何以小蘇打和白醋作基礎，為家人和毛寶貝打造一個乾淨無毒的家吧！

萬用小蘇打 Baking Soda

小蘇打源自礦石，正式的化學名稱是碳酸氫鈉（Sodium Bicarbonate）。自 19 世紀被人類發現以來，一直廣泛使用著。

● 小蘇打有何效用？

既然説是萬用，當然是有多種功能，包括烘焙、去垢、除臭、輕柔研磨、除濕、中和、軟化水質和漂白等等。如果大家想深究它所有的功用，可以去買本專門教大家用小蘇打做家事的書，講解會更仔細。

● 小蘇打有何優點？

小蘇打不僅便宜又容易取得，其最大的優點就是非常溫和又無毒，對毛孩和人類的健康都無害，就算清潔後有殘餘，誤吃了也一點都不用擔心。它屬弱鹼性，pH 值是 9，而一般鹼性化學居家清潔劑的 pH 值可是高於 11，所以除非你對任何鹼性物質特別敏感，否則在正常情況下使用小蘇打都可以安心，因它溫和不傷皮膚，甚至也不需要戴手套。

一般而言，家裡的污垢都屬酸性，所以弱鹼性的小蘇打剛好用來中和污垢，讓之後的洗淨程序變得容易。也由於小蘇打有多種功效，可以搭配其他天然材料（如白醋），做成廣泛使用的無毒清潔劑。

● 購買小蘇打需注意？

市面上可以買到藥用、工業用或食用級的小蘇打粉。由於食用級小蘇打價格仍是相當便宜，如果家裡有毛孩或小孩，就算只是打算作為清潔用途，建議還是買食用級小蘇打會比較安心。

另外，別將小蘇打（Baking soda）跟泡打粉（Baking powder）混淆。雖然兩者都可作為烘焙用的膨脹劑，但只有小蘇打才有清潔功效。小蘇打是單純的碳酸氫鈉（sodium bicarbonate），而泡打粉是碳酸氫鈉配合其他酸性成分，如酸性磷酸鈣（Calcium acid phosphate），再加上如玉米粉等填充物製成的。

● 貓狗誤吃小蘇打有害嗎？

其實任何食物，就算本身有益無毒，如果過量攝取，多少還是會對身體造成傷害。例如說無論人類或狗狗，如果在短時間內喝非常大量的清水，也會導致體內電解質失衡，造成低血鈉症，嚴重的甚至會死亡。小蘇打的情況也類似，它本身是溫和無毒的，如誤吃下少量可以不用擔心。

但是，如果貓狗吃下大量小蘇打（如貓咪／小型犬一次吃下 1 大杯小蘇打），就有可能導致體內電解質失衡，引發低鉀和低鈣症狀與心肌梗塞、肌肉痙攣等。不過我不會因此而過分擔心，因小蘇打本身無色無味，對毛孩來說並不具吸引力；再者，如果用作一般居家清潔，很少會用到足以讓貓狗中毒的分量，所以只要把待用的小蘇打封存在安全的地方就可以了。

白醋 White Vinegar

相信幾乎每個家庭的廚房或餐桌上，都會找到各式各樣的醋！其實最常見又便宜的白醋不只能用於料理上，也可以是天然無毒居家清潔中的重要成員。白醋稱得上是小蘇打的最佳拍檔。

● 白醋有何效用？

說白醋是小蘇打的最佳拍檔，是因為當白醋跟小蘇打混合時，會產生二氧化碳泡泡，有膨脹並加快污垢溶解的作用，白醋也因此能有效去除在清潔過程中殘餘的小蘇打或肥皂。此外，白醋的酸性特質（pH 值 2.4）能抑制細菌及真菌滋長，並中和某些頑固的居家鹼性異味（如尿騷味、菸臭、魚腥味等）。

2003 年美國佛羅里達大學（University of Florida）有研究發現，如果將一些被沙門氏菌、大腸桿菌和其他雜菌污染的草莓放進含 10% 白醋的溶液（其

他 90％ 是清水）輕輕浸洗 2 分鐘，草莓上的細菌含量竟大幅度降低 90％，連病毒含量也降低了 95％！可見白醋的殺菌消毒能力實在不比許多化學消毒劑遜色。此外，白醋還能除鏽和去除水垢，能讓金屬廚具、玻璃、鏡子、水龍頭等器具恢復光亮。

● 白醋有何優點？

它不但便宜、容易買到，最重要的還是無論對人對動物都不具毒性，也可算是最溫和的天然抗菌劑。單獨使用或配合小蘇打，白醋都能讓污垢剝離、溶解，比起只用清水潔淨，效果更好。

● 購買白醋需注意？

可能有人會有疑問，可以用其他醋嗎，還是一定要買白醋？我會建議如果用作居家清潔，使用經濟實惠的普通白醋就可以了。其他醋類（果醋、黑醋等）一來比較貴，而且其色素有可能會轉移到家具或居家環境中，所以不宜用作清潔。此外，千萬不要去化工行買工業用的醋，這種醋酸性太強，會灼傷皮膚。

● 使用白醋的小叮嚀

雖然白醋用途廣泛，可以用於多種表面，但請不要用醋清潔天然石材，因為它會讓石材表面失去光澤。

另外，白醋也有其缺點，就是它刺鼻的酸味。接下來會跟大家分享如何用水稀釋白醋、動手做香草醋，這兩種做法都能減輕白醋的酸味。或者，使用時只要打開點窗戶，讓空氣流通，白醋的酸味一般會在使用後的 10 ～ 20 分鐘後自然消散。

香草／植物純精油 Essential oils

每次做完家事，看著乾淨亮麗的家，心中自然會覺得舒坦、滿足；但若使用化學清潔劑清潔，不僅要戴手套（甚至口罩），還得忍受嗆鼻難聞的清潔劑揮發物，有些人（像我自己）聞到清潔劑裡的合成香味還會頭痛，讓做家事變成苦差。

其實只要避開所有化學清潔劑，並以小蘇打和白醋作基底，再加上香草，相信做家事不會再令人痛苦。香草不僅能在烹調過程中為食物提味，它們獨有的天然香味，也能將讓人厭惡的家事提升到另一個層次，變得輕鬆愉快；如果能同時播放一些讓人放鬆心情的音樂，做家事簡直可以變成一種享受！

● 香草有何效用？

相信香草在烹調美食方面的效用大家都十分熟悉，但其實它們的功效並不限於廚房，對於保持整個居家環境的清潔衛生，也能發揮其魔力。

許多香草本身就散發著優雅的香味，能為居家環境增添氣質。另外，在Part 2 也跟大家分享過多種香藥草的功效，雖然各有不同，但當中不少都有抗菌、抗病毒、防霉、防蟲等功效，比如說薄荷的香味就能有效驅趕螞蟻、蜜蜂和老鼠等。

懂得在日常居家清潔裡運用香草，不僅能大大加強小蘇打和醋的抗菌功效，香草還能溫潤白醋的嗆鼻酸味，讓本來難被接受的白醋都能登堂入室，天然的居家清潔更完善。

● 使用香草小叮嚀

家裡只有狗狗沒貓咪的家庭，在製作天然居家清潔劑時，其實也可以用植物純精油（Essential oils）來代替新鮮／乾燥香草；但有貓咪的家庭千萬不要使用任何含有植物純精油的清潔劑或香薰。Part 1 已跟大家解釋過，因貓科動物的肝臟缺乏一種簡稱 UGT 的肝酵素，所以不能有效代謝精油裡的酚類（phenol），精油可能會造成貓咪慢性中毒。

由於一滴精油（0.05ml）其實已濃縮數百倍新鮮香草的成分，所以使用的分量一定要準確，不宜超過建議用量，有些更是不適合懷孕初期的媽媽和有嬰孩的家庭使用。

相比之下，新鮮或乾燥的香草因沒經過濃縮，使用時分量可以比較隨意，不用每次都小心翼翼的，但香氣和功效已足夠一般居家清潔使用。為了讓大家安心，我跟大家分享的 D.I.Y. 都會以新鮮／乾燥香草製作。

column 01 · 適合用於製作天然居家清潔劑的香草

- 肉桂 Cinnamon
- 薄荷 Mint
- 薰衣草 Lavender
- 香蜂草 Lemon Balm
- 檸檬馬鞭草 Lemon Verbena

- 奧勒岡 Oregano
- 玫瑰 Rose
- 迷迭香 Rosemary
- 鼠尾草 Sage
- 百里香 Thyme

※ 奧勒岡、鼠尾草和百里香的氣味特別辛烈，日常使用未必每個人都能接受。
但這3種都是特別強效的抗菌、抗真菌、抗病毒的香藥草，如果家裡剛好有人、
貓狗感冒或患上傳染病，不妨用這幾種香草來製作居家清潔劑或消毒劑。

　　固體的橄欖皂可算是最傳統的一種肥皂。相傳早在 11 世紀的歐洲家庭便開始使用，後來傳到法國馬賽被發揚光大，成為知名的「馬賽皂」。橄欖皂顧名思義以橄欖油為基底，完全不使用動物油脂、石油提煉物，也不含合成界面活性劑。現代的橄欖皂則一般都不單以橄欖油作基底，還會加入椰子油、大麻籽油（Hemp Seed Oil）等，以提升橄欖皂的保濕度。

● 橄欖皂有何效用？

　　橄欖皂有天然的界面活性作用，能將油污團團包圍並溶於水裡，讓油污可以被沖洗掉，簡單的說，就是一種很好的乳化劑。光用小蘇打無法除掉的油污，配合橄欖皂油污就會被乳化，潔淨效用也因此加強。

　　另外，由於橄欖皂成分天然，性質溫和不刺激，用後又不會讓皮膚覺得乾燥，除了用作居家清潔，也適合用來洗臉、洗髮甚至洗澡。如果家裡有嬰兒、幼貓或幼犬需要洗澡的話，原態的無味橄欖液態皂會是非常合適的選擇。

● 購買橄欖皂需注意？

　　橄欖皂有固體或液體兩種，個人覺得液體的比較方便好用。購買時最好也再閱讀成分列表，確保沒有任何化學添加才購買（有些號稱天然的產品竟然會用到化學防腐劑！）。

　　個人一直在用美國「布朗博士」（Dr. Bronner's）的橄欖液態皂，覺得不錯。這個品牌採用有機和公平貿易成分、沒用動物做實驗、有提供原味和多種天然香味的橄欖皂。建議大家買此品牌的「多用途液態橄欖皂」（18-in-One Hemp Pure-Castile Soap），此商品在台灣中文產品介紹中被解釋成潔顏露，但其實用來清潔居家和身體護理都行。品牌中還有另一項產品「森呼吸萬用清潔劑」（Sal Suds），我不會用它去清潔居家，因為它的成分包括杉樹和冷杉精油，不適合我們養貓家庭使用。養貓家庭（當然養狗家庭亦可）建議可以選用原態無香味的「溫和嬰兒潔顏露」（18-in-One Hemp Unscented Baby-Mild Pure-Castile Soap）用作日常護理或居家清潔。

基本清潔

▌D.I.Y. 基本天然無毒清潔劑

先前和大家分享過天然無毒居家清潔的基本材料，現在大家就可以試試，動手做以下 5 款簡單實用的無毒清潔劑。備好後，就足以應付一般居家清潔了。

小蘇打粉輕包裝

- 一次多買幾個鹽罐或胡椒粉罐。可以按照家裡房間數目來買，每個房間準備一個。
- 清潔時，倒灑小蘇打更方便。

小蘇打水噴劑

- 在 250ml 的清水中加進約半茶匙的小蘇打粉，慢慢攪拌至小蘇打粉完全溶解，再將小蘇打水倒進噴壺裡方便使用。

香草醋原液

1. 預備一個乾淨乾燥的玻璃密封瓶（可利用舊果醬瓶或義大利麵醬料瓶），倒入 500ml 的白醋，再依個人喜好加進乾燥香草（建議最多同時用 3 ～ 4 種香草，加起來分量大概 1 ～ 2 湯匙）。將瓶子密封，放置在陰暗乾燥的地方。
2. 隔天，將製作中的香草醋輕輕搖一下，讓香草能更均衡的在醋中釋出。2 週後香草的香味和精華都已溶於白醋中，只要將香草過濾掉，香草醋原液就可以使用。
3. 如維持香草醋原液不稀釋，可以保存長達 1 年。

香草醋噴劑

- 將備好的「香草醋原液」倒進噴霧瓶中，分量大概是瓶身的 3 分之 1，加入清水，將香草原液稀釋至 2 ～ 3 倍。
- 由於經過稀釋，香草醋噴劑的保存期限大概只有 2 ～ 3 星期左右。

萬用清潔慕斯

- 將 1 杯小蘇打粉放入盆子裡，然後加入 1 杯橄欖液態皂，慢慢攪拌成糊狀，最後才加入 1 湯匙白醋／香草醋原液。加入醋後會產生水和二氧化碳（起泡），再加以攪拌至軟滑慕斯狀。
- 放入瓶子或按壓瓶中方便使用，可以存放 1 星期左右。

. . . .

▎a. 地板清潔篇

　　地板清潔對家裡的毛孩們來說，是居家清潔中最重要的一環，因為牠們不穿鞋子，腳掌和身體其他部分的皮膚都長時間直接與地板接觸，狗狗更有可能直接舔地板。所以，清潔地板必須使用有效潔淨但又無毒不刺激的清潔劑。

　　可先以吸塵器（最好配有 HEPA Filter 高效率空氣過濾網）吸除地上的毛髮，再以「D.I.Y. 地板清潔劑」拖地板。

D.I.Y. 地板清潔劑

- 在 4 公升水桶內注入清水（想更乾淨可用熱水）至半滿，將半杯白醋（希望氣味好一點的話，可用等量的香草醋原液代替）倒入。
- 用這款自製醋水拖地，可直接拖一次就夠，不需要再用清水拖。
- 如果地板特別髒或有油污的話，可以在醋水中加 2 湯匙橄欖液態皂，拖一次之後再以清水多拖一次即可。

b. 廚房篇

碗碟和鍋具（包括毛孩的食具）

- 可以用微濕的海綿沾點茶籽粉擦拭碗碟，然後沖洗乾淨。
- 也可以「萬用清潔慕斯」代替，碗碟和鍋具洗過後會更光亮。

流理台

- 日常清潔，只需預備一瓶「小蘇打輕包裝」，在流理台檯面上平均撒上小蘇打粉，再以微濕的抹布擦拭即可（也可以再以乾布擦拭剩餘的濕氣）。
- 若想加強潔淨／消毒效果，撒了小蘇打粉後，可以用之前預備好的「香草醋噴劑」噴灑，既能增強抗菌效果，也能更徹底清除檯面上的污垢和小蘇打殘餘，最後以抹布擦乾即可。
- 若流理台特別髒或有頑固油污，請在檯面塗上一層薄薄的「萬用清潔慕斯」，待污漬溶解後，先擦去清潔慕斯，再噴上「香草醋噴劑」，最後用抹布擦拭乾淨。

廚房家電／冰箱或櫥櫃表面

- 輕輕將少量「小蘇打水噴劑」噴灑在電器表面，待污垢溶解後，再以噴上「香草醋噴劑」的抹布擦拭，將分離後的污垢和小蘇打殘餘清除。

水龍頭和水槽內

- 以海綿沾上適量「萬用清潔慕斯」，然後徹底擦拭水龍頭和水槽內（也可以牙刷擦拭，待污垢溶解後，再以熱水徹底沖洗）。
- 水龍頭可以在上述抹去清潔慕斯的步驟後，再噴上「香草醋噴劑」後擦乾。

爐口周圍

- 最好趁使用後爐口周邊還有點餘溫時進行清潔，利用剩餘的熱度，油污會比較容易溶解。
- 在爐口周圍噴灑「小蘇打水噴劑」，待 5 ～ 10 分鐘後，以抹布將被分解的油污擦掉，接著噴上「香草醋噴劑」，徹底潔淨餘下的小蘇打和污漬，最後再用抹布擦拭一次。

瓦斯爐環／爐架

- 將爐環／爐架從瓦斯爐拆下，然後塗上「萬用清潔慕斯」，待幾分鐘至幾個小時後油污浮現（視髒污程度），再以熱水徹底沖洗，然後擦乾。
- 若油污太頑固，可重複以上步驟。

抽油煙機

- 抽油煙機表面：將少量「小蘇打水噴劑」噴灑在表面，待污垢溶解後，再以噴上「香草醋噴劑」的抹布擦拭，將分離後的污垢和小蘇打殘餘清除。
- 抽油煙機的風扇／濾網：每天煮飯後，可以用上述方法擦拭，但視髒污程度，定時還是要將風扇和濾網拆下來深層清潔，抽油煙機才能持續有效的吸走油煙（我家因每天開伙，所以每星期固定會洗抽油煙機濾網一次）。
- 抽油煙機的風扇／濾網拆下來後塗上「萬用清潔慕斯」（如油污頑固，就塗多一點），放置一段時間待油污分解，然後一邊擦拭（可用比較軟的刷子或牙刷，清潔細部）一邊用熱水徹底沖洗乾淨，最後擦掉水分後再風乾。

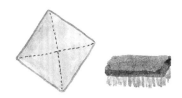

c. 浴室篇

鏡子／玻璃浴屏

- 簡單在鏡子或玻璃上噴灑先前預備好的「香草醋噴劑」，然後以廚房紙巾或纖維抹布擦乾，就可以輕鬆去除水垢和霧氣。

浴缸／洗手盆

- 海綿沾上「萬能清潔慕斯」後擦拭，再用清水徹底沖洗、擦乾。

流理台檯面／牆壁

- 噴上少許「香草醋噴劑」，再以抹布擦乾即可。

水龍頭

- 如果不是太髒，只需噴上「香草醋噴劑」，再用柔軟的抹布徹底擦乾即可。
- 若水龍頭積聚了頑強水垢，可用沾滿了「香草醋噴劑」的廚房紙巾包裹整個水龍頭或其他水垢嚴重的地方，放置 15 分鐘～ 1 小時，再以柔軟的乾抹布擦乾打磨。

馬桶

- 馬桶周圍以噴上「香草醋噴劑」的廚房紙巾擦拭即可。
- 馬桶內先以「小蘇打粉輕包裝」倒灑適量的小蘇打粉，然後以廁所刷子仔細刷洗馬桶內的污垢，再沖水一次。
- 最後在馬桶內部噴上「香草醋噴劑」徹底潔淨和除臭。

排水口清潔保養

- 不需要每天做，每星期或定期做就可以。
- 將半杯（如排水口有點堵塞，請用 1 杯）小蘇打粉倒入排水口，再倒入 1 杯白醋，這時會產生起泡和膨脹作用，有助分解堵塞排水管的污垢。放置半小時至幾個小時（這時可以用牙刷沾取排水口表面的殘餘小蘇打，將表面污垢輕輕刷掉），最後倒進幾杯熱水，然後擦乾表面。

重點清潔

▌a. 除臭篇

天然空氣清新噴霧

- 請參考「香草醋噴劑」做法，它也同時是很好的除臭噴霧。
- 在你覺得有異味的空間裡噴少許「香草醋噴劑」，同時也稍微打開窗戶讓空氣流通，香草醋可有效分解空氣中的菸味、廁所異味等等。
- 醋的酸味會在 20 分鐘內散去，留下香草的淡淡芬芳。

環保吸濕除臭粉

- 請參考「小蘇打輕包裝」做法，它同時也是很稱職的吸濕除臭粉。
- 可以在小蘇打粉中混合點你喜歡的乾燥香草（如薰衣草），這樣可同時吸除臭味，並釋出淡淡的香草香。
- 在容易有異味的空間，如鞋櫃裡、冰箱裡、洗手間、寵物廁所旁都可以放置一瓶「小蘇打輕包裝」，每 2～3 個月更換一次。
- 久放的小蘇打粉（就算因為受潮而結成塊狀），雖然除臭和吸濕的功效已下降，但仍然可以繼續用來清潔居家，不會浪費。

▌b. 毛孩貼身物品日常清理

床墊

- 毛孩的床墊固然需要定期清洗，但期間也可以下點功夫，保持牠們的窩乾淨沒異味。
- 先以吸塵器吸走床墊上的毛髮和灰塵，再於床墊撒上少許小蘇打粉，放置 15 ～ 30 分鐘後，以吸塵器吸走小蘇打粉。將床墊好好的拍打一下，放回原位。

玩具

- 若玩具適合用水清洗，可以用少量「萬能清潔慕斯」擦拭玩具，再用清水徹底沖洗、晾乾。
- 若玩具不適合清洗，可以先噴灑「小蘇打噴劑」，然後再噴上「香草醋噴劑」潔淨，這樣既可以除去異味、除垢又能抗菌。

食器

- 滑溜溜的毛孩唾液實在很難洗乾淨，在毛孩食器上塗上「萬用清潔慕斯」，好好擦拭，再用水徹底沖洗乾淨，並晾乾。

衣物洗滌

- 可以直接用橄欖液體皂洗衣。每次在洗衣機槽倒入 60ml ～ 120ml（1 / 4 ～ 1 / 2 杯）的橄欖液體皂，就足夠清洗一整機的衣物了。
- 若衣物特別髒或有異味，可以先浸泡在放了小蘇打粉的溫水裡，並靜置一段時間（讓污漬從衣服分解）；沖過水後，再和其他衣物一起放進洗衣機裡，進行正常的洗衣程序即可。

狗狗便所

日常清潔

● 先移除用過的髒尿片，並將便所的各部分拆開，逐一噴上「香草醋噴劑」；
靜置片刻，將殘餘的香草醋擦掉。接著更換新尿片，再重新組裝便所。

定期深層清潔

● 先移除用過的髒尿片，並將便所的各部分拆開，逐一用水沖洗。
● 在每個部分都塗上「萬用清潔慕斯」，並徹底用刷子擦拭，特別是格子部分
（容易藏尿垢），徹底用水沖洗後晾乾。
● 如果清洗後還有尿騷味，可以再噴上「香草醋噴劑」，然後再晾乾。

貓咪砂盆

日常清潔

● 清除貓咪排泄物後，掃除砂盆周邊被貓咪踢出的貓砂；接著用已噴上適量「香
草醋噴劑」的廚房紙巾擦拭砂盆表面和周圍，無需用水沖洗。

定期深層清潔

● 建議每星期一次，按照使用率和髒污程度而定。
● 首先丟掉砂盆裡的舊貓砂，用水將砂盆每個部分沖洗一次。
● 在砂盆每個部分塗上「萬用清潔慕斯」，然後仔細用刷子擦拭，再用水徹底
沖洗乾淨，並晾乾。
● 如果還有點尿騷味，可以噴灑「香草醋噴劑」後晾乾。
● 倒入新貓砂前，也可以考慮在砂盆裡先撒入少許小蘇打粉，有助吸除臭味。

c. 難纏污漬

尿液或嘔吐物

* 先將尿液或嘔吐物以廚房紙巾盡量吸乾淨，在留有污漬的位置撒上小蘇打粉，並用牙刷打圈刷一刷，靜置一段時間，讓小蘇打吸出多餘濕氣和臭味。接著，以微濕的抹布擦掉剩下的小蘇打和污漬（如果是在布製家具上，可以吸塵器吸除剩下的小蘇打粉），再噴上「香草醋噴劑」，抗菌並徹底除臭。

d. 天然防蟲法

在台灣，春夏的氣候溫暖而潮濕，讓人煩惱的蚊蟲問題必定免不了。很多人自從有了毛孩後，都沒用噴過任何化學滅蟲劑，因為這些滅蟲劑毒性非常強，會直接損害中樞神經。但面對著蟲害，難道只能置之不理嗎？其實大自然已供應我們不少有驅蟲功效的香草，大家可以安心的多加利用。

> **column 02・適合毛孩家庭使用的驅蟲香草**
>
> * 薄荷類：貓薄荷（Catnip）、胡椒薄荷（Peppermint）
> * 迷迭香（Rosemary）　　• 香茅（Lemongrass）
> * 薰衣草（Lavender）　　• 月桂葉（Bay Leaf）
> * 金盞花（Calendula）
>
> ※雖然茶樹、尤加利等都能驅蟲，但由於刺激性較強，不建議有毛孩的家庭使用。

一般常見小昆蟲：螞蟻、蚊子、蒼蠅、蜜蜂

只要在蟲害出沒的季節，利用以上其中幾種有驅蟲功效的香草再加上橘子皮（或檸檬皮），製成「香草醋噴劑」來清潔居家，尤其噴在門窗邊，就可以防止昆蟲進入家裡了。大家也可以在窗邊、陽台或庭園裡栽種以上香草，昆蟲們就不願意去你們家拜訪囉！

雖然天然驅蟲法通常不如化學滅蟲劑有效或徹底，但也有例外。原來早在2001 年，美國愛荷華州立大學（Iowa State University）就有研究發現，貓薄荷（catnip）裡的揮發性物質荊芥內脂（nepetalacton）的驅蚊成效竟然比市面常見用於驅蚊劑的化學成分 DEET 有效 10 倍，但卻不會像 DEET 那樣損害健康；不僅如此，這讓貓咪著迷的香草還能99%驅趕牛馬身上的吸血廄蠅（stable flies），也因此能預防傳播疾病。

既能有效驅蚊，又能吸引貓咪，貓薄荷簡直是天賜給人類最幸福的禮物！（如果在家裡經常又連續使用貓薄荷，它對貓咪的吸引力就會降低，但驅蟲的效果還是不變的，放心）。

蟑螂

首先留意家裡蟑螂常出沒的地方，儘量保持這些地方清潔，而且減少擺放雜物（蟑螂最喜歡幽暗的角落）；也要注意保持排水口乾淨（參考 P.221 排水口清潔保養法），避免蟑螂從排水管爬進室內；晚上最好也關好門窗，因蟑螂一般都待天黑了才出動。

另外，可以在這些地方（如廚櫃裡面）擺放或貼上幾片月桂葉（氣味變淡了，就要更換），也有助驅趕蟑螂。萬一真的趕不走，可使用 1：1 的比例將少量小蘇打粉和細白砂糖混合，放進一個容易讓蟑螂出入的小容器（如飲料瓶的蓋子或小碟子），靜置於牠們常出沒的地方。小蘇打混合砂糖會讓蟑螂吃過後，體內產生大量氣體和渴水反應，幾天後就會死亡。但請小心放置，避免毛孩或小孩誤吃。

跳蚤、蜱蟲等

記得 Part 4 中教大家做「天然除蟲粉」時，裡面所用到的矽藻土粉末嗎（務必購買食用級）？其實它也可以用於居家滅蚤，甚至蟑螂、螞蟻、壁蚤都可以。

詳細的解釋前面已說過了，不過大家要記得，由於矽藻土粉末是以物理方式（切割開昆蟲的外殼，讓牠們慢慢脫水而死），而不是毒理的方式，所以要把它撒在昆蟲會路過的路徑或直接接觸的地方才有效，也因此不需要另加具驅蟲效用的香草。

大家可以用一把小掃把將矽藻土粉末在櫃子裡、房間角落、毛孩的睡床、沙發的表面和角落、窗邊或門邊等地方都一一均勻掃開；蟲害特別嚴重的期間，可以每星期都重複一遍。

參考資料

Ansari MA., Khandelwal N., and Kabra M. "A Review on Zoopharmacognosy." Int J Phar Chem Sci. 2.1 (2013): 246-254. Online.

Bell, Kristen L. Holistic Aromatherapy for Animals: A Comprehensive Guide to the Use of Essential Oils & Hydrosols with Animals. Scotland: Findhorn Press. 2002. Print.

Chiang, LC., et al. "Antiviral Activities of Extracts and Selected Pure Constituents of Ocimum Basilicum." Clinical and Experimental Pharmacology and Physiology. 32(2005): 811-816. Print.

Dube S., Upadhyay PD., and Tripathi SC. "Antifungal, physicochemical and Insect-repelling activity of the Essential Oil of Ocimum Basilicum." Canadian Journal of Botany. 67.7(1989): 2085-2087. Print

Gray AM., and Flatt PR. "Insulin-releasing and Insulin-like Activity of the Traditional Anti-diabetic Plant Coriadrum Sativum(coriander)." Br J Nutr. 81.3(1999):203-209. Print.

Hamidpour M., et al. "Chemistry, Pharmacology, and Medicinal Property of Sage (Salvia) to Prevent and Cure Illnesses such as Obesity, Diabetes, Depression, Dementia, Lupus, Autism, Heart Disease, and Cancer." J Trad Comp Med. 4.2(2014):82-88. Online.

Huffman MA. "Animal Self-medication and ethono-medicine: Exploration and Exploitation of the Medicinal Properties of Plants." Proceedings of the Nutrition Society. 62 (2003): 371-381. Print.

Kidd, Randy. Dr. Kidd's Guide to Herbal Cat Care. North Adams: Storey Publishing, 2000. Print.

Kubo I., et al. "Antibacterial Activity of Coriander Volatile Compounds against Salmonella choleraesuis." J Agric Food Chem. 52.11(2004):3329-3332.

Messonnier, Shawn. Natural Health Bible for Dogs & Cats. New York: Three Rivers Press. 2001. Print.

Opalchenova G., and Obreshkova D. "Comparative Studies on the activity of Basil – and Essential Oil from Ocimum Basilcum L. — against Multidrug resistant clinical isolates of the Genera Staphylococcus, Enterococcus and Pseudomonas by Usi." J Moscrobial Methods. 54.1 (2003): 105-110. Print.

Pitcairn, RH and Pitcairn, Susan H. Dr. Pitcairn's Complete Guide to Natural Health for Dogs & Cats. 3rd ed. USA: Rodale. 2005. Print.

Ponce-Macotela M., et al. "Oregano (Lippia spp.) Kills Giardia Intestinalis Trophozoites in vitro: Antigiardiasic Acitivity and Ultrastructural Damage." Parasitol Res. 98(2006):557. Print.

Puotinen, CJ. "Sour Greats." The Whole Dog Journal. 15:1(Jan 2012): 06-10. Print.

Rodier, L. "Now Ear This." The Whole Dog Journal. 17:4 (Apr 2014): 04-06. Print.

Smith-Schalkwijk MJ. "Veterinary phytotheraphy: An overview." Can Vet J. 40 (1999): 891-893. Print.

Sreelatha S., Paduora PR., and Umadevi M. "Protective Effects of Coriandrum Sativum Extracts on Carbon Tetrachloride-induced Hepatotoxicity in rats." Food & Chemical Toxicology. 47.4(2009): 702-708. Print.

Wulff-Tilford Mary L., and Tilford Gregory L. All You Ever Wanted to Know About Herbs for Pets. Irvine: Bowie Press. 1999. Print.

Wynn, Susan G., and Fougere, Barbara J. Veterinary Herbal Medicine. St Louis: Mosby Elsevier. 2007. Print.

Zhu J., et al. "Adult Repellency and Larvicidal Activity of Five Plant Essential Oils Against Mosquitoes." J Amer Mosquito ControbAssoc. 22.3 (2006): 515-522. Print.

用香草
守護毛小孩

蘇菁菁的寵物無毒生活指南
Nurture our Furkids
with Herbs

作　者	蘇菁菁
主　編	王斯韻
編輯協力	王韻鈴
美術設計	莊維綺
插　畫	湯舒皮
特約攝影	王正毅
行銷企劃	曾于珊
發 行 人	何飛鵬
總 經 理	李淑霞
總 編 輯	張淑貞
副 總 編	許貝羚

出　版	城邦文化事業股份有限公司·麥浩斯出版
地　址	104台北市民生東路二段141號8樓
電　話	02-2500-7578
傳　真	02-2500-1915
購書專線	0800-020-299

發　行	英屬蓋曼群島商家庭傳媒股份有限公司城邦分公司
地　址	104台北市民生東路二段141號2樓
讀者服務電話	0800-020-299
	09:30 AM～12:00 PM · 01:30 PM～05:00 PM
讀者服務傳真	02-2517-0999
讀者服務信箱	E-mail：csc@cite.com.tw
劃撥帳號	19833516
戶　名	英屬蓋曼群島商家庭傳媒股份有限公司城邦分公司

香港發行	城邦〈香港〉出版集團有限公司
地　址	香港灣仔駱克道193號東超商業中心1樓
電　話	852-2508-6231
傳　真	852-2578-9337

馬新發行	城邦〈馬新〉出版集團Cite(M) Sdn. Bhd.(458372U)
地　址	41, Jalan Radin Anum, Bandar Baru Sri Petaling,
	57000 Kuala Lumpur, Malaysia
電　話	603-90578822
傳　真	603-90576622

製版印刷	凱林印刷事業股份有限公司
總 經 銷	聯合發行股份有限公司
地　址	新北市新店區寶橋路235巷6弄6號2樓
電　話	02-2917-8022
傳　真	02-2915-6275

版　次	初版一刷 2018 年 01 月
定　價	新台幣450元 港幣150 元

Printed in Taiwan

國家圖書館出版品預行編目(CIP)資料

用香草守護毛小孩：蘇菁菁的寵物無毒生活指南 / 蘇菁菁著 .– 初版 .–
臺北市：麥浩斯出版：家庭傳媒城邦分公司發行，2018.01
　面；　公分
ISBN 978-986-408-211-7(平裝)

1. 犬 2. 貓 3. 寵物飼養 4. 健康飲食 5. 食譜

437.354　　　　　　　　　　　　　　　　　　　106023284

來自大地賜予的珍貴禮物

USDA
ORGANIC

有機認證・公平貿易
寵愛毛孩・珍愛地球
溫和嬰兒沐浴露/尤加利潔膚露